区域综合廊道空间规划控制技术与方法

孟　庆　刘亚丽　黄芸璟　董海峰　著

中国建筑工业出版社

图书在版编目（CIP）数据

区域综合廊道空间规划控制技术与方法 / 孟庆等著 .—北京：
中国建筑工业出版社，2020.11
ISBN 978-7-112-25231-2

Ⅰ.①区… Ⅱ.①孟… Ⅲ.①廊道—城市空间—空间规划—
研究 Ⅳ.① TU984.11

中国版本图书馆 CIP 数据核字（2020）第 097656 号

责任编辑：黄 翊
责任校对：焦 乐

区域综合廊道空间规划控制技术与方法
孟 庆 刘亚丽 黄芸璟 董海峰 著
*
中国建筑工业出版社出版、发行（北京海淀三里河路9号）
各地新华书店、建筑书店经销
北京锋尚制版有限公司制版
临西县阅读时光印刷有限公司印刷
*
开本：787毫米×1092毫米 1/16 印张：6¼ 字数：121千字
2020年11月第一版 2020年11月第一次印刷
定价：48.00元
ISBN 978-7-112-25231-2
（35986）

序

　　区域基础设施综合廊道（以下简称"区域综合廊道"）的包容性和预见性主要体现在为空间规划编制阶段尚未预见的各类专业性区域廊道可能的需求预留预控足够的发展空间。针对这一目标，课题组 2018 年初向住房和城乡建设部申请了年度科技计划项目，并得到立项专家的认可，《城乡廊道空间复合利用规划关键技术研究》被纳入当年度住建部科技计划，编号为 2018-K2-023（城乡规划与城市设计）；于 2019 年向自然资源部申请编制《区域综合廊道规划技术导则》，作为拟开展标准预研究项目纳入自然资源部年度标准计划，编号为 2019-TC93-1。

　　在《自然资源部办公厅关于印发〈省级国土空间规划编制指南〉（试行）的通知》（自然资办发〔2020〕5 号）中明确提出："按照高效集约的原则，统筹各类基础设施布局，线性基础设施尽量并线，明确重大基础设施廊道布局要求，减少对国土空间的分割和过渡占用"（第 11 页）……"合理预留基础设施廊道"（第 6 页）的要求。本书重点结合空间规划中对综合廊道空间管治内容的诉求，基于国内外区域综合廊道管控的规划实践的总结，在空间规划理论上，提出应为尚未预见的各类基础设施廊道预留廊道空间的规划技术，对综合廊道空间进行系统化的空间概念梳理，提出了清晰的定义，为综合廊道空间管控的精细化创造了条件；在空间规划技术上，从功能划分和等级划分两个视角对区域综合廊道空间规划进行了梳理和分析，提出了预留廊道发展空间的控制原则，对按等级划分的综合廊道走向选择和划分的控制方法提出了具体建议；在综合廊道空间规划标准方面，基于多案例的实证研究的基础，分析了不同等级空间规划中区域廊道的具体控制标准幅度值。还从理论组合的角度对不同组合形式的综合廊道空间控制宽度进行论证，为开展各层级国土空间规划中，涉及区域综合廊道空间预留预控的关键技术提出了重要参考指标。另外，从政策机制上提出了应对尚未预见的区域廊道空间需求，建立相应的空间管治机制，限制在规划预留的综合廊道空间内开展的与廊道功能无关的建设行为的建议，提出了综合廊道空间内对建设行为许可的管治要求。

本研究旨在推动划定需要限制建设行为的区域综合廊道管治空间，为未来可能新增的区域廊道需求进行廊道空间的预留预控。通过总结国内外综合廊道空间管治的创新实践经验，为开展国土空间规划中的综合廊道空间划定工作提供技术支撑，将有助于解决城市空间拓展的可持续发展问题。对提升自然资源行业的管理水平，具有重要意义。

　　希望本书的出版有助于为各级国土空间规划中的各类区域综合廊道空间预留预控的规划制定提供技术支撑，有助于其作为一项基础性的区域空间类型的控制技术得到逐步推广和利用。

　　谨此为序！

赵万民

重庆大学建筑城规学院教授

二○二○年七月

目 录

1 绪论

1.1 研究背景

区域廊道是为城乡居民输送各种生产和生活物资与能量的重要通道，是确保各级城镇正常运转的保障性空间，其功能繁多、形式复杂，是城乡空间资源的重要组成部分，也是城乡社会经济文化发展的重要脉络。区域廊道规划建设的完备程度和可预见性直接影响到城市间和城市内部各功能片区间的可持续发展。

1.1.1 传统的城乡规划对区域廊道空间预留不足

我国正处于快速城镇化中后期，部分城市规模还在继续膨胀，按照 20 年为规划期限编制的城市总体规划，在对城市规模的预测方面缺乏长远的考虑。经过多年持续的高增长，我国城市规模突破预期规划规模的情况普遍出现，如果仍然沿用目前的规划技术手段难以应对长远发展诉求，在廊道空间新增需求产生时，通过扩大或选择新的廊道空间去解决新增廊道空间的拓展问题，将变得日益困难、代价巨大。由此，增加区域廊道空间的适应性，特别是对尚未预见的廊道空间需求的包容性，成为迫在眉睫的事情。

1.1.2 新技术对区域廊道空间提出的新要求

新的交通技术如高铁、新的传输技术如超高压电力、西气东输、无人驾驶通道等，对区域廊道空间的预留预控提出了新的要求。靠各专业门类的独立而单一的需求导向进行区域廊道空间的规划预控，难以满足城市规模拓展对区域廊道空间多样化的实际需求，区域廊道空间的预见性和弹性受到极大的挑战。空间规划必须站在跨专业的视角，对区域廊道空间的预留预控规划的关键技术提出综合性的解决方案。

1.1.3 国土空间规划需要解决的新问题

党的十九大报告提出城乡规划要预见城市在 2035 和 2050 年发展的需要。在 2019 年已全面启动的新一轮空间规划编制中，完善的区域廊道空间系统规划是解决区域和城市可持续发展的重要基础性规划，也是到 2050 年我国城镇化水平处于稳定发展阶段的过程中，需要规划控制的重要区域空间"骨架"，其重要性是不言而喻的。但是，如何在规划中将各类廊道空间统筹规划，合理预留，复合而高效地利用，一直是困扰规划编制单位和行业主管部门的难题。

1.2 区域综合廊道控制的目的和意义

以区域廊道空间为研究对象，研究城市绿色低碳可持续发展的规划方法和技术，研究区域廊道空间复合化利用的构建策略，分析当前区域廊道规划建设过程中存在的问题，提出优化区域廊道空间的原则与标准等关键技术，对城乡可持续发展具有深远意义，具体表现在以下几方面。

1.2.1 对落实生态文明发展理念的意义

习近平生态文明思想主要包含绿水青山就是金山银山，尊重自然、顺应自然、保护自然和绿色发展、循环发展、低碳发展三大基本理念。通过对区域廊道空间的多功能、网络化规划建设，可以有效化解各自然生态板块的"孤岛"化现象，促进自然生态环境中的动物、植物形成相互沟通、相互支撑的生态系统；缓解城市快速发展过程中，因各项城乡建设活动给自然环境带来的巨大冲击。在城市可持续发展过程中，利用区域廊道系统的构建，能够更好地平衡城市的经济发展与自然生态保护的关系，推进落实生态文明理念，实现人与自然的和谐发展。

1.2.2 对高效利用和预留预控区域廊道空间的意义

区域廊道空间体系的构建意义，在于将城市间和城市内部不同类型的功能单元与其他功能单元进行有机联系。着眼于区域与城市系统功能提升的区域廊道规划，将有利于促进城市经济网络、生态网络、交通网络、休闲廊道网络、基础设施网络的协同与融合，有利于保障城乡可持续发展所需要的基础设施空间的供给。通过预留不确定未来可能需要建设的廊道空间，提升区域廊道空间规划的稳定性和规划适应性，对发挥区域廊道空间对国土空间持续发展的支撑作用、对国家的长治久安具有深远的意义。

1.2.3 对创造高品质生活、实现高质量发展的意义

自然资源部成立以来，开展了各级国土空间规划的试点推广工作，是优化构建区域综合廊道系统的重要机会期。通过对区域廊道系统的规划，有利于改善城乡居民的生活环境质量。例如，通过交通廊道的优化，能够带动相关城市功能体合理布局；生态型廊道的建构能够完善城乡绿地系统，改善城市生态环境；休闲型廊道能够将城市开放空间进行整合；通过廊道功能的综合化利用，可以为城乡居民提供完善、均衡、可就近获得的户外活动空间和低碳出行条件，对良好人居环境的营造将有深远意义。

1.2.4 对推动现代化都市圈持续快速发展的意义

根据《国家发展改革委关于培育发展现代化都市圈的指导意见》（发改规划〔2019〕328号），现代化都市圈是"城市群内部以超大、特大城市或辐射带动功能强的大城市为中心，以1小时通勤圈为基本范围的城镇化空间形态"。都市圈内部重点城市之间主要廊道的预留预控是增强都市圈基础设施连接性、贯通性，实现都市圈基础设施一体化的重要保障。都市圈的经济社会发展对关键廊道的依赖将持续增强，都市圈内综合廊道空间的包容性和稳定性对实现区域可持续发展具有重要意义。

1.3 相关概念解析

1.3.1 廊道

此概念最早是美国著名景观生态学家福尔曼（Forman）于1986年提出的，他把廊道定义为不同于两侧基质的狭长地带，是景观结构中的基本要素之一。廊道、斑块和基质组成了景观的整体结构单元。地理学家将廊道描述为通过交通媒介联系城市区域的一种线性系统，也有学者从经济地理学的角度研究廊道的地域经济空间系统。

1.3.2 城市廊道

城市廊道的英文对应词为"Urban Corridor"。城市廊道作为城市空间的结构要素之一，是城市功能体的联系通道，是人流、物流、商流、信息流和资金流的空间活动

载体，具有界面、路径和线性影响区域等特征要素。它与城市功能体共同构成了城市空间的结构要素。城市廊道是在城市空间范围内存在，由一种特定"关联关系"的线为主导的带状空间，在与其关联的用地范围内，建筑形态或功能呈现同质特征。[①] 当特定联系线的性质发生改变时，会导致带状空间发生量变直至质变，包括空间结构与形态、人口数量与构成、地价与经济效益，进而对城市的功能与效率、景观与活力产生不同的影响。

1.3.3　廊道综合化

廊道综合化利用是指通过规划设计确定的线性网络状空间系统，结合对生态、交通和基础设施需求的预测，在空间规划中预留预控具有经济、生态、休闲、文化等综合功能的区域廊道空间，是一种可持续的土地使用方式。

1.3.4　基础设施廊道

基础设施廊道有广义和狭义之分。狭义的基础设施廊道一般指公用设施廊道。广义的基础设施廊道，既包括水、电、气等公用基础设施廊道，也包括道路、铁路等交通基础设施廊道，还包括自然水系和山系等具有带状特征的生态基础设施。

1.3.5　自然廊道

根据自然要素区分的不同于两侧基质的狭长地带，如自然的水廊道、带状山体廊道等，我们称之为自然廊道，是没有人为加工因素形成的廊道空间。

1.3.6　人工廊道

根据人为设计需要，通过人工建设或控制而形成的廊道为人工廊道，如道路、铁路等廊道线性空间，均为人工廊道。

1.3.7　城市基础设施廊道

城市基础设施廊道是指城市规划建设用地范围内，规划控制的城市公用基础设施和交通设施的管廊带，是一种统称，用于对城市公用基础设施和交通设施的统一管理及线位安排，一般布置在城市道路两侧，可与绿化带合用，也可以独立存在。

---

① 金广君，吴小洁. 对"城市廊道"概念的思考 [J]. 建筑学报，2010（11）：90–95.

1.3.8 区域基础设施廊道

区域基础设施廊道是指在各层级国土空间规划中，为城镇或城镇区域服务的，专业性大型基础设施管廊带。作为线性空间，其对区域的经济及文化活动分布、生态及环境质量有着重要影响。包括廊道内主要表现为区域性交通工程、输电线路工程、高压输气工程、输油管道工程、提调水管渠工程、污水大截留工程等专业性生命线工程，其宽度应满足各种管线行业标准规定的控制防护距离，明确保护范围。

1.3.9 公共廊道、复合廊道、综合廊道

公共廊道、复合廊道、综合廊道，是指兼有两种或两种以上廊道设施和功能的廊道空间。这三个名词描述的是同一种规划廊道利用方式，但各地有不同的术语描述，如浙江省嘉兴市基于廊道的功能定位和控制原则的不同，把大型基础设施廊道分为区域性公共廊道、地区性公共廊道、专项廊道三个等级。本研究建议采取"综合廊道"的名称更能够准确描述廊道空间共享的空间属性。在理解中应注意其不是单指地下综合管廊、共同沟、城市综合管廊、市政管廊中的某一个，而是综合了多种廊道空间使用用途，基于共享、共建、协同理念，以区域综合廊道的技术方法和空间政策手段，解决区域基础设施廊道空间预留弹性问题，是在空间规划阶段就确定下来，需要为尚未预见的基础设施廊道预控，同时为城市或城市区域的基础设施拓展服务的综合廊道预留空间。"公共廊道"强调廊道的公共属性，对多类型廊道的协同和共享属性难以描述准确。

2 现状与趋势分析

2.1 国内外相关研究综述

2.1.1 廊道理论研究的发展历程

纵观区域廊道研究历程，其发展具有明显的阶段性。本研究以时间为序，在对相关研究成果进行系统梳理后，建议划分为以下三个阶段。

（1）早期（20世纪60年代前）

这一时期，源起于巴黎的"林荫道"、英国的"绿带圈"均可认为是廊道建设在城市规划中的早期尝试。英国1947年颁布的《城乡规划法》（《Urban and Rural Planning Law》）是世界首部涉及城市廊道建设的法规。20世纪70年代苏联与澳大利亚城市的总体规划中均采用了绿色廊道网络模式，这标志着廊道作为防止城市蔓延的手段开始被广泛应用于城市和区域规划中。这一阶段廊道建设仍处于探索阶段，目的在于探索一种合理的城市规划模式，该时期的廊道建设实践为后来的廊道理论发展积累了丰富的经验。

（2）成熟期（20世纪70年代~90年代末）

这一阶段廊道成为景观生态学的重要研究内容，相关研究致力于保护生态环境。福尔曼（Forman）提出的"斑块—廊道—基质"等理论，在这一时期为廊道研究作出了巨大贡献。随后《美国绿道》一书的出版，标志着人们对于廊道的认识开始走向成熟。这一时期的廊道理论侧重于减少城乡景观的碎片化及保护物种的多样性。随着景观生态学理论的发展成熟，廊道在城市发展中的作用被拓展至城市生态环境调节层面，提倡人们从汽车中走向自然。为20世纪90年代我国的大规模廊道建设奠定了理论基础。

（3）综合化（21世纪初至今）

基于廊道理论的成熟以及廊道建设经验的积累，城乡规划中的廊道研究得以深化，其关注点从廊道的生态保护作用层面，逐渐转向廊道系统化作用层面。在《国家中长期科学和技术发展规划纲要（2006—2020年）》中，城镇化与城市发展领域的五个专题评估之一就是"城市生态居住环境质量保障"专题。这一时期城市建设开始重视人居环境质量的改善，廊道的应用开始侧重于"健康"层面。同时随着人口增多，土地等资源紧张，廊道建设也开始趋于功能多样化。基于城市整体设计的理念以及现有廊道建设的基础，廊道的研究开始由线性的单一功能向系统化的多功能发展；健康与资源化利用成为廊道研究与建设关注的重心。学者们开始认识到廊道系统性规划的重要性。从城市整体设计的理念出发，廊道系统的构建逐渐成为城市规划领域的重要环节。但对于多条廊道的交互作用，以及如何预控难以预见的廊道空间需求，整体解决城市发展的长远问题的探索尚未开始，该领域成为当下廊道研究急需填补的空白。[①]

廊道研究由最初对生物多样性的关注，到对城市生态环境的关注，再到当下对城市可持续、居民健康的关注，这一过程实际是"人"在城市环境中地位日益受到重视的体现，与城乡规划中日益强调"人本"思想的发展一致。既有研究表明，各类廊道功能综合后的形式及宽度是重要参数，但尚无明确的相关标准。"越宽越好"的标准受限于城市土地资源的短缺，这一矛盾成为廊道预留预控面临的一大难题。进入21世纪，廊道的系统化建设初露端倪，但一方面由于廊道规划系统的不完善，使其对城市发展的整体性和长远支撑作用较弱；另一方面，现阶段的廊道网络系统建设仅停留在形态塑造层面，单纯实现廊道在视觉上的网络化格局，而较少考虑多条廊道间的交互作用。因此，构建完善的廊道空间系统，可使城市机能运转更加流畅，使城市整体更加健康。

2.1.2 相关研究情况

20世纪90年代后，廊道研究进入高峰期，国内学者出于研究目的的不同，从不同层面对廊道进行了分类，以界定各自的研究范围，分别在城市廊道、交通廊道、生态廊道、文化廊道等方面进行了研究初探。

2010年，金广君在《对"城市廊道"概念的思考》[②]中提到城市廊道作为城市空间结构的骨架，对城市空间结构的演变和发展起着至关重要的作用。城市的显性和隐性廊道是相互支撑和相互作用的，显性廊道形态的变化会加强或减弱隐性廊道的功能和形态。如美国学者唐纳德·阿普尔亚德（Donald Appleyard）指导下的《活力街道》项

① 李青晓. 城市更新背景下青岛城市廊道系统构建策略研究 [D]. 青岛理工大学，2017：22-23.
② 金广君，吴小洁. 对"城市廊道"概念的思考 [J]. 建筑学报，2010（11）：90-95.

目，对位于伯克利的富兰克林街道居民生活的调查结果，说明街道的显性因素——交通量的增加对街道的隐形因素——生活与活力的影响关系，以交通为主的廊道会对居民之间的社交活动产生较为重要的影响。

2011年，赵万民教授等人在《复合中枢：TOD廊道导向的低碳生态城市途径》[①]一文中提到，应引导TOD走廊向城市廊道和廊道系统转化，进而升级为城市复合中枢，这是推动我国大城市走向低碳生态的重要途径，使其与步行交通紧密重叠、与公共功能高度复合。规划先行主要体现在预留廊道空间，以及轨道交通、市政基础设施、绿地系统、步行系统等专项规划的相互整合、统一规划方面。资金分期投入的阶段控制要与周边的建设规模相吻合，以实现"投资—建设—运营—盈利—再投资"的良性循环。大致的投资顺序为：市政系统—公共景观—轨道系统。

2012年，甘霖在《从伯克利到戴维斯：通过慢行交通促进生态城市的发展》[②]一文中提出了慢行交通系统的发展必须与一定规模尺度下、高度集约化的土地混合利用模式相协调。发展绿色交通这一策略，集中体现了生态城市的健康追求。而慢行系统作为重要的绿色交通方式，日益成为世界各国探索实现生态城市的一种重要模式。慢行交通廊道与生态廊道复合，基于对能源危机、环境污染和社会弱势群体的关注，希望通过廊道的多功能利用，促进城市向更生态化的方向发展。文中作者选取了美国加州小城伯克利和戴维斯发展慢行交通的案例，试图通过引介其慢行交通与城市土地利用方式结合考虑的经验，为国内生态城市的探索提供借鉴。

2015年，介潇寒等人在《古村落的历史文化景观廊道构建研究——以西藏尼木县吞达村为例》[③]一文中，从古村落历史文化景观保护与发展出发，引入历史文化景观廊道的概念，提出古村落历史文化景观廊道的构建原则以及景观生态和文化遗存视角的构建方法，从整体空间布局、文化遗存保护、自然景观规划、旅游线路设计和重点景区打造五个方面对西藏尼木县吞达村的历史文化景观廊道构建进行了实践探索，把古村落现存的历史遗存碎片转变成为包容性的连续廊道，为历史文化景观廊道的复合模式提供参考。文中将生态廊道和遗产廊道的概念相结合，进一步提出历史文化景观廊道的概念，即兼顾景观生态和遗产保护视角，整合自然环境生态元素，对历史文化遗存资源进行辨识、分类保护和再利用，更强调自然景观环境与物质和非物质人文历史遗存的互相融合，是一种多元化的历史文化景观廊道构筑方式，体现人与自然的和谐共生。

---

① 赵万民；杨欣；汪洋. 复合中枢：TOD廊道导向的低碳生态城市途径 [J]. 规划师，2011（3）：76-81.
② 甘霖. 从伯克利到戴维斯：通过慢行交通促进生态城市的发展 [J]. 国际城市规划，2012（5）：90-95.
③ 介浦寨，张昊. 古村落的历史文化景观廊道构建研究——以西藏尼木县吞达村为例[J]. 西部人居环境学刊，2015，30（3）：108-115.

2018 年，中国城市规划设计研究院完成的《武汉大都市区规划研究专题》中提出协同重点系统，即在生态协同上重点贯通两楔一轴生态廊道；在空间协同上引导三条创新廊道，优化板块布局；交通协同上重点引导武鄂交通一体化，构建区域交通廊道。

2017 年，交通运输部规划研究院综合运输研究所李伟等人在《运输集中、廊道识别与国家综合运输大通道规划》一文中提出，通过量化及案例分析发现我国干线运输线路大多表现出 3/7 规律，即大致上看 30% 的骨干线网承担了全网 70% 的货物运输量或车公里数，呈现少数关键的设施承担了高比重或核心运输功能的"运输集中"现象。文中提出的完善我国综合运输大通道规划建设的建议具有理论价值和现实意义。

在新时代国土空间规划的背景下，过往各专业门类形成的独立而单一的廊道空间分类，已难以满足城市规模拓展对廊道空间多样化的实际需求，廊道建设进入系统化、复合化时期。现阶段廊道建设更注重城市居民的健康，关注的重点是提高国土空间的用地效益、整合建设用地、促进区域可持续发展。

2.2　国外相关实践简介

2.2.1　美国"国家公园路"廊道建设的实践

"国家公园路"是美国国家公园的重要组成部分，道路与国家公园融为一体，是国家公园的特色和品牌形象。国家公园路不仅是国家公园的重要交通方式，其本身就是旅游吸引物和旅游目的地。对于游客来说，在国家公园路上行驶就是游览国家公园。国家公园路的发展体现了道路工程与美学、哲学、游憩、生态等多学科的融合，促进了道路从单一交通功能向游憩、景观、文化和保护等复合功能转变，突出地展示了廊道绚丽的景观，也展示了在保护无价的自然和文化资源的同时如何提供多元化的游憩机会，以实现环境保护与游客公众之间的平衡。

国家公园是百余年前美国始创的一种保护地模式，目前已成为全球公认的保护地典范。建立国家公园的主要目的是保护自然生态系统的原真性、完整性，突出自然生态系统的严格保护、整体保护、系统保护，把最应该保护的地方保护起来。美国国家公园路不仅是旅游者进入国家公园的主要途径，也是国家公园体系的重要组成部分，还是国家公园游憩体系的核心支撑。百余年来，国家公园路见证了美国国家公园发展的重要历史时期，涌现出很多杰出的国家公园路代表，成为世界国家公园路发展的样板，也成为哲学、技术、美学、游憩等多学科跨界与融合的典范。

美国"国家公园路"的百年发展经历了起步发展、快速发展、黄金发展、停滞与恢复阶段、转型发展、稳步发展六个阶段[①]。其中起步发展阶段（19 世纪 70 年代 ~20 世纪初）国家公园路多为低等级的马车道，表现出简单、原始、粗糙、危险且进入性不强的特征。在设计理念上，强调"道路通达性"的同时，也开始对道路美学和资源保护给予了关注，并形成了早期国家公园路的建设标准，产生了以黄石国家公园大环路等为代表的一批杰出的国家公园路。快速发展阶段（20 世纪初 ~20 世纪 20 年代初）以国家公园服务机构（U.S. National Park Service，NPS）为核心的管理机构为国家公园园路发展提供了制度上的保障，并在其规划、建设和管理中发挥了重要作用。而"建筑与景观相融合"理念的提出，以及正确的发展措施，促进了国家公园路的快速发展。黄金发展阶段（20 世纪 20 年代初 ~20 世纪 40 年代初），"道路轻柔地坐落在土地上"的规划理念及公园路美学，对国家公园路发展产生了深远影响。国家景观大道这一新类型的出现，丰富了国家公园路的内涵和外延。国家公园路呈现出发展速度快、数量多、质量优的特点，并实现了保障数以百万计的美国人能够在一天车程之内就抵达国家公园的目标。蓝岭景观大道等一批闻名遐迩的国家公园路彰显了其巅峰时代的辉煌。转型发展阶段（20 世纪 60 年代中叶 ~20 世纪 80 年代中叶）环境保护运动掀起的高潮，以及《荒野法案》《公路美化法案》等法案的出台，促进了国家公园路的转型发展。国家公园服务机构正视了因国家公园路急速扩张和过度现代化建设带来的问题，强调了"保护与展示自然生态、景观与文化"的理念，并通过制定国家公园路标准来规范国家公园路的发展，而多元化资金资助体系为国家公园路的发展提供了资金保障。稳步发展阶段（20 世纪 80 年代中叶至今），经济振兴、自驾游快速发展，以及国家公园稳定发展，共同促进了国家公园路的稳步发展。这一时期美国国家风景道体系创建，一批具有重大影响力的国家公园路被纳入该体系中，促进了国家公园路知名度和美誉度的提升。在发展理念和建设上，更加强调对道路历史文化和科研教育功能的拓展，重视对道路历史文化的活化利用。以国家公园服务机构为核心，联邦公路局（FHWA）为技术支持的跨部门、多学科合作团队，为国家公园路的发展提供了强有力的制度保障，而以联邦专项资金为主导的多元化资金资助体系，则为其发展提供了资金保障。

"国家公园路"见证了国家公园发展历史的重要时代，在美国社会历史上有着广泛而深远的影响。通过协调大众意愿，遵循保护风景和文化资源原则，国家公园路已经成为一种复杂的文化景观，具有一系列自然、技术、感知及历史的属性，以及独一无二的特质和文化意义，并取得了很高的社会、美学、艺术和科技成就，这一成就在国家公园发展和游憩规划历史上是无法估量的。

[①] 余青，韩森. 美国国家公园路百年发展历程及借鉴 [J]. 自然资源学报，2019，34（9）：1852–1858.

2.2.2 英国的"绿带"廊道政策的实践

英国属于较早利用绿带思想进行国土空间规划的国家。1935年,"绿带"(Green Belt)一词被大伦敦区域规划委员会(Greater London Regional Planning Committee)正式提出,其作用是为城市居民提供户外休闲娱乐场所,绿色廊道首次被认可。1947年,英国政府出台的《城乡规划法》规定土地开发权将收归国有,通过国家的宏观调控推进了"绿带"计划的实行。1955年,英国住房部和地方政府经过多次交流、探讨,最终确认以立法的方式肯定"绿带"为城市带来的积极作用,并督促各方机构予以重视、采用。1968年,新版《城乡规划法》将建设城市"绿带"确立为地方政府进行城市结构规划(Structure Plan)的重要内容。英国推行绿带政策有五个目的:①阻止城市无限扩张,避免基础设施等城市要素无法匹配城市高速的膨胀;②阻止城市对周边城镇的侵蚀,使特色城镇得以保留及传承;③阻止城市对原有自然环境的破坏;④遏制城镇之间的相互融合;⑤重新激发城市内部衰退区的活力,最终实现遏制城市扩张,促进城市健康、可持续发展的目的。英国大伦敦地区的"绿带"政策取得了显著成效,成为国内外各大城市借鉴的典范[①]。

2.2.3 美国马里兰州廊道网络建设实践

马里兰州的综合廊道网络系统建设起源于巴尔的摩的帕塔普斯科(Patapsco)。该地区由于20世纪的采砂活动繁荣一时,但当采砂活动结束一个多世纪后,遗留下来的便是荒废的长达12英里的切萨皮克湾河岸以及退化的城市路段。为恢复河流沿岸生态环境、激活该路段城市活力,帕塔普斯科的生态廊道建设引起了各界的一致响应,规划建立了一条抵达海湾的充分连贯的自然廊道系统。为保证廊道系统的顺利完成,马里兰州成立了保护基金会。专门成立的专家小组将全州作为一个整体,在进行全面、充分的调研工作后,结合实际完成了全州的廊道网络建设。为增加公众参与,廊道网络的规划者将廊道维护的相关信息编辑成技术手册出版。州、市及地方官员、公众志愿者共同参与到廊道系统的维护与建设活动中,保证了该系统的顺利完成。帕塔普斯科生态廊道的建设具有典型意义,其将马里兰州内人口最多的城市连接起来,为区域开发提供了尽可能多的支持者,也为公众进入切萨皮克湾河流及支流网络提供了通道,且其经过多年积累的广大自然廊道系统也为该地区的生态保护贡献了巨大的力量,最终实现了该区域经济、社会、环境可持续发展的目的。

---

① 黄雨薇,于澄.基于内涵认知的绿带管控措施探讨——对英国绿带政策演变的经验借鉴[M]// 中国城市规划学会.规划60年:成就与挑战——2016中国城市规划年会论文集.中国建筑工业出版社,2016.

以此为基础，马里兰州开启了面向海湾的综合廊道网络建设项目。为保证项目的正常运行，马里兰州成立了保护基金会，协助开发这一全面、系统的廊道项目。首先，专家小组沿着自然廊道对现有的所有公共（和准公共）开放空间进行调查并绘制地图，划定了一条抵达海湾的充分连贯的自然廊道系统。随后，小组将自然廊道沿线具有较高资源价值的非公有土地，以及与该条自然廊道相连接的有重要作用的其他廊道——主要是公路、废弃铁路、运河等在地图上重叠，以实现各类廊道的完美衔接。进而最终形成了由连接各贸易合作区的形形色色的环城公路、州际公路和高流量的公路及连接重要自然资源的生态廊道共同组成的综合廊道系统，开展了全面、系统的土地利用规划。该项目防止了城市扩张过程中各类开发活动对河流以及自然区域的摧毁，缓解了由于人为的土地分离规划导致的社会解体、生态系统瘫痪等问题[①]。

2.2.4 美国查塔努加市河滨公园廊道建设

查塔努加市（Chattanooga）的历史可追溯到1815年，切罗基的酋长约翰·罗斯（John Rose）在田纳西河上为民众建造了一个码头，作为贸易中心[②]。为寻回查塔努加市的记忆并给予这座城市一次发展经济的机会，规划沿河岸建立一条特色廊道。规划师希望通过完善各类基础设施激活该地区经济，因此在该地区重新注入了旅馆、写字楼、公寓、城市中心公园等多种功能。河滨公园廊道不仅为市民提供游憩场所，也保护和改善了田纳西河沿岸的自然环境。在发展经济的同时注重生态的恢复与保护，并为当地居民提供了完善的公共服务设施以及开敞的户外活动空间，做到了经济、社会、环境可持续发展，使经济活动在该区域内因聚集而产生叠加倍增效益，实现了经济的"自生长"。

2.2.5 阿联酋迪拜市的区域综合廊道建设

迪拜是阿拉伯联合酋长国人口最多的城市，其最早的经济活动主要是采珠和捕鱼，后来石油业的崛起为迪拜带来了大量的"石油美元"，经济迅速发展。但是，迪拜石油储量不丰富，并不能维持经济的可持续发展，所以在20世纪80年代，迪拜开始积极地调整产业结构，实施横向多元化经济发展战略。如今，迪拜已摆脱了对石油资源的过分依赖，从石油资源型城市转变成为现代化服务型城市，从单一的经济发展模式转变成为多元化的经济发展模式。从实地踏勘（图2-1）和谷歌卫星图片解译（图2-2），可以看出，作为成长较快的新兴全球城市，其区域综合廊道空间规划理念上体现了较新的规划技术预见水平。虽然国内尚无相关文献介绍，但可以从最新的卫

---

① 李青晓. 城市更新背景下青岛城市廊道系统构建策略研究 [D]. 青岛理工大学，2017：55-56.
② 李青晓. 城市更新背景下青岛城市廊道系统构建策略研究 [D]. 青岛理工大学，2017：57-59.

图 2-1　迪拜市综合廊道实景照片

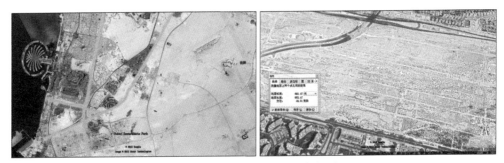

图 2-2　迪拜市综合廊道走向和宽度分析图

星影像图看出，沿城市的大陆一测的高速公路，规划控制了一条统一宽度的基础设施综合廊道，廊道控制宽度在 400~700 米，高速公路、电力、输油管线等均布局其中。据迪拜电力和水务管理局的计划，2016~2019 年已投资 67 亿迪拉姆（约合 117.97 亿元人民币）修建了 64 座 132/11 千伏变电站，说明其电力需求的巨大。

2.3　国内相关实践简介

2.3.1　皖南地区以资源连接为基础的廊道系统

廊道整合主要依附于交通廊道、生态廊道、文化遗产廊道以及连接旅游资源的休闲廊道进行整合，形成拟建廊道网路模型。为使各类廊道能够更好地融合，规划师在进行细致的交通廊道调查分析后，依据廊道网络模型内的交通廊道网络现状，对各类廊道网络进行整合与调整。皖南地区路网分为高速、国道、省道、县道、乡村道五级。在对各路段交通流量实地调研后，调整各类廊道避开交通流量较大的交通廊道，依附于交通廊道布置的相关廊道选用交通流量较低的交通廊道借道，以避免各类廊道间的相互干扰。同时，对各区段交通廊道断面进行实地考察，以减少较为狭窄的交通类廊道的交叉。

廊道网络建构的关键是选线，规划通过评估拟建廊道网络道路沿途植被景观质量、水体景观质量、地貌景观质量、土地利用景观质量以及串联资源点的质量等，将单因子的评价结果加权整合，得到皖南地区道路风景质量综合评价结果。评价结果等级高的路段以发展旅游业为主，建设以保护生态、文化遗产为主要目的的非经济型廊道，而评分较低的路段则以交通功能为主，最终完成廊道系统的建构工作。作为以资源连接、廊道整合为主要方法的区域综合廊道规划案例，皖南地区廊道系统的成功经验主要体现在两方面：一方面是最大限度地整合现有廊道空间资源进行选线，大力进行资源点的区域整合，加强空间联系，使散落的资源点成为一个整体；另一方面是充分发挥廊道空间的综合效能，发展绿色经济，体现生态文明理念，把生态承载力作为基础，促进产业生态化、城市生态化、社会生态化。以此带动休闲旅游、康体健身、科普教育、文化创意等相关产业发展，提升旅游、体育、教育、文化等综合功能和品牌效益。同时还为打造宜居生活环境、提升城市知名度创造了条件[1]。

2.3.2 四川省眉山市的廊道空间复合利用[2]

眉山市依据多目标复合的规划导向，对 E 类用地的廊道空间设置复合功能，包括生态保护功能、休闲游憩功能、经济发展功能、资源利用功能等，实现资源保护与利用的双赢（表 2-1）。

眉山市中心城区东向E类用地廊道样条分区控制表　　表2-1

样条分区	廊道类型	廊道宽度控制	相邻用地单元主要诉求	主导功能	复合功能	E类用地类型
T1	生态廊道、设施廊道	>800 米	水库水质保护、生态防护	水源涵养	建设组团隔离、设施防护	林地、水库和湖泊
T2	设施廊道	>500 米	防控水土流失	农、田、林网防护	市政与道路基础设施防护	坑塘、沟渠、林地、耕地、园地
T3	生态廊道	>300 米	河流水质保护、近郊休闲游憩	洪泛区、河岸绿化缓冲带	风景游憩胜地、城市景观阳台	河流、林地、湿地及滩涂
T4	生态廊道	>100 米	休闲娱乐、健身游憩	城市公园游憩	生物走廊、城市风廊	河流
T5	生态廊道	>60 米	休闲娱乐、景观美化	城市公园游憩、景观广场	生物走廊、城市风廊	河流

（资料来源：邢忠，余俏，周茜，乔欣，卓子. 中心城区 E 类用地中的廊道空间生态规划方法 [J]. 规划师. 2017（4）：18-25.）

---

① 李青晓. 城市更新背景下青岛城市廊道系统构建策略研究 [D]. 青岛理工大学，2017：62-67.
② 邢忠，余俏，周茜，乔欣，卓子. 中心城区 E 类用地中的廊道空间生态规划方法 [J]. 规划师，2017（4）：23-24.

保护中心城区生态环境本底资源，预留出满足廊道复合功能目标的廊道空间用地，在现状廊道缺口处补给足够的结构性 E 类绿地，保证其城市结构的连通性。

（1）预留生态廊道用地

保护城市近郊区的重要山体、遗留林地、小型农田、支流坑塘和湿地等，预留出各类型廊道所需的用地。例如，对于原生林地，根据现状林地类型分析确定保护等级，通过优先森林的保护、森林流失预防、植树造林、公益森林再造及恢复植被等措施对林地进行维护。未经维护和再造的林地，随着人类活动的侵占变得越来越少，或因环境污染而退化，而经过维护和再造的林地会因为有效的生态补充与恢复变得越来越多。对于生态维育型、生态恢复型、生态防护型及生态隔离型廊道，应补给足够规模和宽度的林地，对于河流水系廊道，应打通因人工建设而断流或阻塞的水文通道和路径，补给水域用地及其两侧的缓冲林带；对于农业生产型廊道，应补给适当规模比例的耕地、园地和农田防护林地；对于休闲游憩或历史文化型廊道，应补给适当规模比例的林地、水域或观光型农田。

（2）预留设施廊道空间并强化景观生态网络

依据未来城市发展方向，预留区域性灰色市政及交通基础设施空间，避免因基础设施布置不当而阻碍城市的发展，对预期可能安排的重大排水管线、电力和燃气等管线的走向应预留基础设施廊道空间。同时，利用设施廊道防护空间构筑连续绿带，规避或削减灰色基础设施建设带来的环境影响，从而优化区域景观网络结构。

（3）空间布局

宏观层面，充分利用场地原有的洼地、林地、草地和农田，依据廊道复合功能目标进行合理的空间组合与布局，使城市建设活动对自然环境系统的负面影响减至最低。在中观尺度层面，对农业生产型廊道中的农田林网进行空间布局，保证合理的林网密度和林带宽度。在微观尺度层面的廊道内部，需进行低环境影响的空间布局设计，合理选择建设单元并有效保护生态要素；识别出有较高生态价值或因特殊的地貌、地质属性而不适宜建设用途（如山脊、冲沟、陡坡和地质灾害区等）的高敏感区域；以水文单元为基础组织廊道空间，实现自然排水模式的有效保护及建设单元内低环境影响的排水管理有机结合。

2.3.3 浙江省嘉兴市区域基础设施公共廊道规划经验[①]

嘉兴市基于廊道的功能定位和控制原则的不同，将大型基础设施廊道分为区域性公共廊道、地区性公共廊道、专项廊道三个等级（图2-3）。

---

① 刘佳，蔡磊. 新形势下基础设施廊道的区域协调——以《嘉兴滨海新区基础设施廊道专项规划》为例[J]. 城市建设理论研究，2013（3）：1-2.

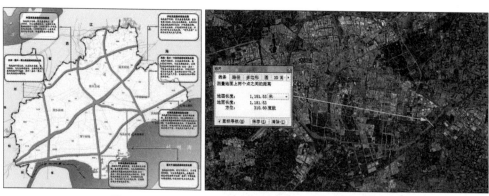

图 2-3　嘉兴市域基础设施综合廊道规划及实际廊道宽度图
（资料来源：南京大学城市规划设计研究院. 嘉兴市城市总体规划（2005—2020），2006；谷歌卫星影像图）

（1）区域性公共廊道

滨海新区承载了大量的过境基础设施以及自身发展所必需的基础设施。在规划中本着区域协调、城乡统筹的原则，从区域整体发展的方向考虑，确定杭浦高速公路、杭州湾大桥北岸连接线等沿线控制一定距离的公共廊道，主要集中安排区域性大型基础设施，为未来的发展留出余地。卫星影像解译出较宽的区域性公共廊道宽度达 1180 米。

（2）地方性公共廊道

借助深水港和高速公路，滨海新区集中了石化工业、现代制造业、现代物流业等产业，城市的发展必须配备相应的疏港交通和基础设施。规划中确定东西大道南侧、老省道部分段、前烧泾航道东侧、海港路两侧等区域控制出一定用地作为滨海新区地区性基础设施的廊道用地。

（3）专项廊道

这里指的专项廊道特指对现状已经存在或者规划已经明确走向的，但又没有和其他管线产生共用廊道的各种重要基础设施所控制的专门的防护用地，其特点是穿越规划建设用地内部并且两侧拓展形成共用廊道余地不大，与规划主干道和主干河流两侧预留廊道不能整合。这类廊道往往控制宽度较窄，走向不规律，对周边用地的影响较大。规划中在现状资料整理的基础上，结合相关规划和相关规范，对规划范围内的各项基础设施廊道进行了明确。

另外，嘉兴市还注重基础设施廊道分期控制，经过合理预测、有效控制，基础设施廊道分期实施是经济的，比一次性实施的近期经济效益要高，而远期经济效益又不受影响。因此规划在对滨海新区发展规模科学预测的基础上，结合嘉兴市区和周边地区，以及长三角区域等大环境的发展需求，提出对滨海新区基础设施廊道科学预留，并划定黄线控制范围。如规划在杭浦高速公路南侧预留 150 米廊道，在杭州湾大桥北岸连接线两侧各控 140 米和 236 米的预留廊道，该范围内严格禁止其他建设活动侵占，方便远期基础设施在内选线，避免二次拆迁。

2.3.4　广东省万里碧道规划经验 [①]

2018 年广东省提出了万里碧道计划，碧道是以河湖水域及岸边带为主要载体，统筹生态、安全、景观、休闲功能系统治理的绿色线性开敞空间（图 2-4）。

广东有 1.1 万条河流，长度达 6.6 万公里，农业以水为脉，城乡临水而建，水系周边 2 公里范围内活动人群约 8035 万人，占全省人口八成。开展万里碧道规划建设，以水为主线，统筹山水林田湖草各种生态要素，可优化生态、生产、生活空间格局，最终使广东万里碧道成为人民美好生活的好去处、"绿水青山就是金山银山"的好样板、践行习近平生态文明思想的好窗口。根据《广东万里碧道建设总体规划纲要（征求意见稿）》显示，万里碧道规划范围为广东省全域所有水系，以"构建山海连通的河川生态廊道，建立应对极端天气的韧性水系，营造彰显南粤特色的魅力水岸，促进区域平衡的绿色发展带"为目标。

《征求意见稿》提出构建"一湾三片、十廊串珠"的广东碧道空间格局。"一湾"是指以粤港澳大湾区为核心，建设湾区岭南宜居魅力水网。空间范围为珠三角九市。

图 2-4　广东省万里碧道分类示意图

（资料来源：https://sz.news.fang.com/open/33915400.html.）

---

① 广东省绿道网建设总体规划. https://max.book118.com/html/2017/0531/110627556.shtm

湾区碧道将重点解决区域河流水网水体黑臭、水生态损害、水域空间侵占等突出问题，主要建设都市型碧道，注重推进治水、治城、治产相结合，打造宜居、宜业、宜游优质生活圈，建设魅力湾区，彰显岭南水乡特色，构建绿色生态水网和都市亲水空间。"三片"则为：粤北秀丽诗画河川片区、粤东历史文化长廊片区、粤西锦绣生态田园片区。粤北片区空间范围为北江流域全域、西江流域和东江流域大部分，主要由韶关、清远、河源、云浮四市组成，主要建设自然生态型碧道，以保护生态为前提，结合各类自然保护区、森林公园、风景名胜区、湿地公园、水利风景区等特色资源，适当构建人与自然和谐共生的休闲游憩系统。粤东片区空间范围为韩江流域全域和粤东诸河流域全域，主要由汕头、梅州、汕尾、潮州、揭阳五市组成，该片区碧道重点解决水源涵养和保护、水土流失、水环境治理等突出问题，主要建设城镇型和乡村型碧道。粤西片区空间范围为粤西诸河流域全域，主要由阳江、湛江、茂名三市组成。重点解决水生态保护与修复、防洪排涝等突出问题，主要建设城镇型碧道和乡村型碧道，重点推进鉴江流域范围内、湛江、茂名、阳江三市中心区及下辖各县（县级市）城区、特色小镇、美丽乡村建设范围内的碧道建设。

碧道建设通过系统思维共建、共治、共享，优化生态、生产、生活空间格局，打造江河安澜的行洪道、清水绿岸的生态道、融入自然的休闲道，成为高质量发展的经济带。碧道建设重在水安全提升、水环境改善、水生态保护与修复、特色与景观营造、游憩系统构建五大建设任务。万里碧道计划结合了生态廊道建设、公众休闲需求和产业转型的需要，是一个综合性强的"顶层计划"，也是一个"基于自然的解决方案"。

2.3.5 沈阳市大型基础设施廊道经验

沈阳市总体规划修编工作正在进行。结合总体规划中各基础设施规划和各相关市政设施的位置，确定大型基础设施管线的走向和管径，合理确定大型基础设施廊道（图2-5）。在沈阳市南北、东西方向结合大型工程预留多条大型廊道空间，如沿三环路、二环路、金廊沿线、浑河沿线等，形成环状骨架结构的基础设施廊道。通过解读卫星图片，内环廊道实际控制宽度400米左右（图2-6）。

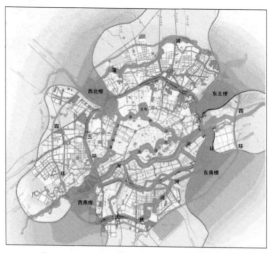

图2-5 沈阳市结构性综合廊道空间示意图
（图片来源：http://www.sohu.com/a/134157113_349252）

图 2-6 沈阳市大型廊道宽度分析图（谷歌卫星影像图）

2.3.6 区域公用综合廊道规划的经验

（1）京津地区经验

京津地区着力构建环形放射状高压电力网络结构。一是构建环形放射状主干电网走廊，强化主干电网辐射作用。华北电网遵循"全网保华北、华北保京津唐、京津保核心"的原则，加强电力一体化，构建华北地区 1000 千伏环形特高压输电走廊。作为华北电网的重要组成部分，北京主干电网走廊形成昌平—顺义—通州—安定—房山—门头沟—昌平的 500 千伏双环网结构，高等级主干站点多采用放射型结构延伸到配电网。二是构建相对独立的城市分区供电模式，突出分区供电。北京以相邻 2 座 500 千伏变电站的各段 220 千伏母线构成 220 千伏电网的一个供电区域，实现 220 千伏网络的分区供电模式。各分区之间在正常方式下相对独立，彼此间互不相连，供电分区十分清晰，事故情况下各区之间具备一定的相互支援能力。三是加强主干电源和受电通道建设，通过多回电力线路与区域主干电网相连。天津主要是受电华北、西北电网：北部通过安定—南蔡双回 500 千伏线路与北京相连；西部通过霸州—吴庄双回 500 千伏线路与廊坊相连；南部通过沧东—静海双回 500 千伏线路与沧州相连；东部通过安各庄—芦台双回 500 千伏线路与唐山相连；新建 500 千伏西北直流换流站，将西北电力通过直流引入天津。四是加强各供区之间电网结构的有效衔接。天津强调主干电网走廊多环联络，在城外形成高压电力走廊环形接线，从四周向城市供电，构建连接主要功能区的环网供电模式，实现坚强可靠的高压电力网络。

（2）武汉市经验

武汉市注重电力走廊与城市用地优化协调布局。一是电力走廊与道路、绿地系统协调布局，城市高压走廊布局充分考虑城市交通和绿地资源，突出中部地区平原城市特点，交通、绿地系统覆盖城市高压走廊，以此保障供电设施安全，集约利用土地，强化城市用地综合使用。二是强化高压电力走廊与用地的耦合关系，实现城市中心区域高压走廊布局形态多样化。中心城区建设密度大，空间布局局促，绿地容量较小，防护绿带较窄，高压走廊必须紧凑布局，应加强在城市中心区营造多样化的廊下用地空间。三是结合"两江四岸"生态景观，合理布局电力高压。"两江四岸"武汉市滨湖和大型自然景区拥有良好的绿地条件，此处的高压走廊利用滨湖绿岸和大型绿地削弱了架空线的视觉冲击，绿地资源充沛，应进行合理布局。四是探索外环沿途生态型电力走廊布局。武汉市三环、四环沿线区域多为 220 千伏以上等级的高压电力走廊，是电力环网的关键部位。三环、四环近郊区主要为未利用荒地和残存农用地，具有良好的景观本底和生态环境，可为电力走廊预留空间。环线以内 50 米及四环线以外 200 米的区域范围内，结合预留绿地，合理布局环线高压走廊。

（3）重庆市经验

重庆市璧山区的城乡总体规划将区域的生态和基础设施廊道作为特定功能区管制类型之一进行划定。由于区域生态和基础设施廊道主要分布于云雾山和缙云山，同时四大规划组团的隔离带与规划基础设施控制廊道基本一致，规划将廊道宽度控制宽度在 600~800 米，详见图 2-7 所示。空间管治要求中提出，在生态和基础设施综合廊道内不得新规划建设与生态和基

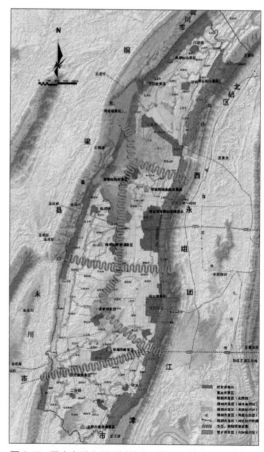

图 2-7　重庆市璧山区区域生态和基础设施综合廊道规划示意图

础设施廊道建设与保护无关的项目，为璧山区未来的廊道空间增长需求预留了足够的发展空间，推动了璧山区区域廊道设施建设的可持续发展。

2.4 区域廊道规划中存在的主要问题

区域廊道规划建设的系统性、综合性观念不强，各类廊道"先占为王"的现象普遍存在，互相制约，后来者出钱搬迁前者的现象较为严重，城乡各廊道系统无法协同发展，高昂的迁建费用成为抬高建设成本和影响项目建设周期的重要原因之一（表2-2）。就区域廊道规划的而言，主要存在问题如下。

电力线塔迁移相关费用估算表（仅供参考） 表2-2

序号	项目名称	单价	备注
1	土石方	30 元 / 立方米	含爆破、开采、装车、运输、整平、碾压等，按 10 公里运距计
2	征地费	480 元 / 平方米	—
3	动迁费	—	需按实际情况测算
4	采矿权价款	0.8 元 / 立方米	—
5	矿产资源税	1.33 元 / 立方米	0.5 元 / 吨（密度按 2.65 吨 / 立方米计）
6	水土流失补偿费	3 元 / 立方米	
7	矿产恢复治理费等	—	含矿产权使用费、矿产恢复治理费、矿产恢复治理保证金
8	高压线塔迁移费	500 万元 / 公里	500 千伏
9		300 万元 / 公里	220 千伏
10	不可预见费	—	

（资料来源：http://www.wendangku.net/doc/28cbfe040740be1e650e9ad4.html.）

2.4.1 "廊道"术语被宽泛使用，缺乏系统性

廊道的原意是不同于两侧基质的狭长地带，是一个空间概念，既包含现状的空间描述内涵，也包括规划的空间描述内涵。在使用过程中，常常遇到"通道"和"廊道"不分的情况，如"步行通道"有时也用"步行廊道"。

从旅游规划角度讲，主要表现为旅游功能区之间的林带、交通线及其两侧带状的树木、草地、河流等自然要素。主要包括三种类型：区间廊，指旅游地与客源地及四周邻区的各种交通方式、路线与通道；区内廊，指旅游地内部的通道体系；斑内廊，指斑块之间的联络线，如景点的参观路线。

从国土空间规划的角度讲，主要表现为功能性带状空间，如生态廊道、基础设施廊道、交通廊道、景观廊道、TOD 廊道等。这些相关的术语所表述的空间属性之间是怎样的相互关系，还缺乏系统的研究和界定。希望通过本研究的系统梳理，提出合理的区域廊道空间综合利用的空间概念体系，进行清晰的界定和描述，为进一步深化区域廊道空间的规划关键技术创造条件。

2.4.2 区域廊道缺乏系统性和整体性规划

由于决策层面对系统性认识不强，城乡各系统的规划分属不同部门管理，各部门间协调交流存在一定困难，导致各类廊道系统性规划的缺失。目前的廊道规划仍以"交通先行"的原则为主，经济交通廊道的规划较少考虑其他各类廊道的布置，导致廊道被穿越，连续性遭严重破坏，而达不到预期的生态、文化保护目的，也给廊道使用者带来较差的心理体验。同时，交通廊道的强行穿越也危及其他各类廊道使用者的安全，而行人的不确定性也造成了交通混乱，无形中增加了交通压力。除此之外，由于缺乏系统性的规划，导致各类资源的不均衡分布，供需空间上的不平衡发展使得城市矛盾加剧，城市问题日渐突出。

2.4.3 廊道功能使用单一

由于缺乏廊道的统筹规划和指引，缺乏对各类线性空间资源的整合，致使各类廊道空间的资源利用率严重不均，发展不均衡。现行廊道的形成，多是根据随机需求和资源环境条件确定的，例如一些高压走廊，实行的是先占先用原则，只要是现状的走廊，就不容许其他建构筑物轻易进入建设。滨水等地区生态廊道的建设，仅考虑了水生态的需要，按照固定的控制宽度进行两侧廊道的控制，尚未与市政管廊、TOD 廊道有效地结合起来综合考虑控制宽度的适应性。

2.4.4 专业廊道标准清晰，缺乏综合廊道标准

目前，区域基础设施专业廊道的单项标准是比较齐全的，每一项基础设施走廊都有相应的标准。但是，作为适应区域基础设施协同发展，具有综合性、协同性、预见性特征的区域综合廊道的控制标准缺乏，既没有国家标准，也没有地方标准。在东部发达地区开展的区域综合廊道的规划工作试点，积累了一定的经验，而其作为一种新的规划编制技术手段还需要进一步探索和研究。各类基础设施间缺乏协同，以重庆市璧山区为例，其交通网络与市政设施的走廊间缺乏相互关联。城乡用地被各类基础设施廊道随意切分，无形中加大了未来城市拓展的成本。在与生态走廊的关系上，存在交通廊道的明显隔绝，使得市民享受生态资源的方便程度大打折扣（图 2-8）。

图 2-8　重庆市璧山区现状公路和工程管网示意图
（资料来源：《璧山区城乡总体规划方案 2007—2020》）

2.4.5　区域综合廊道规划缺乏预见性

　　城市发展对区域基础设施的要求没有得到充分重视，往往根据城市拓展的需要与可能性临时组织论证和选址。对城市电力的外部依赖性，导致城市间高压电力线网的布局普遍存在交叉走线、重复迁移等情况。国土空间规划对区域基础设施廊道的预见性不足，过于重视城市发展的内部需求与空间协调，普遍没有区域基础设施廊道的理念，没有开展区域间基础设施空间廊道的需求预测，缺乏相应的技术手段。

　　城市发展步伐的加快，城乡基础设施配套负荷增加，用地资源却越来越紧缺，导致基础设施规划，尤其是新增大型基础设施廊道规划建设困难，如区域性输电线路工程、高压输气工程、输油管道工程、提调水管渠工程、污水大截流工程等。这些区域性基础设施属于造福市民的生命线和重点工程，但其廊道宽、占地广，因此如何合理地进行选线，减少造价，减少对绿化、道路的破坏等成为规划管理部门的一个新课题。

2.5　廊道空间综合利用与独立使用的差异分析

2.5.1　对未建设用地空间的影响不同

　　几个独立的廊道空间，在规划并线、综合利用后，可以减少对未建设用地的肢解，引导形成相对完整的未建设用地，为可能的规划使用未建设用地创造拓展条件，可以有效避免和减少通过不同廊道的迁建获得完整建设用地的成本。

2.5.2 廊道空间利用效率的不同

廊道空间通过综合利用可以发挥多元的功能，不仅不同廊道空间之间可共享和叠加使用，不同廊道之间的综合利用后，廊道的总体宽度也会相应扩展，形成更宽的综合廊道空间，为加入休闲、娱乐等综合廊道功能创造了条件。

2.5.3 廊道设施建设成本的不同

为了综合使用廊道而调整走向，就近进入综合廊道空间，可能会导致比廊道独立建设更长的距离，所以仅仅考虑单一廊道建设的需求，廊道独立建设使用有时可能更简捷，建设成本更低。但是因此导致的隐形社会成本很可能更高，如独立建设廊道所穿越的土地空间，将会限制和影响其他后期建设廊道的穿越，还会对所穿越的土地空间上的其他利用方式生产巨大的限制作用，对周边房屋建设的高度和功能都会产生相应的限制。

2.5.4 廊道设施服务范围之间的关系不同

综合利用的廊道空间内，不同廊道设施在为周边提供服务时，其服务的范围与对象存在差异。原则上同等级和同功能的廊道空间，如果不是服务范围规模大小的要求，不一定需要在同一综合廊道空间内安排，可以通过均衡布局的方式，服务更多的区域。如高铁和高速公路在选线过程中可以相离布局，可以通过穿越不同的地域，服务更多的利益人群，不一定要为综合使用廊道空间勉强并线。

2.6 区域廊道综合发展的趋势分析

2.6.1 共建共享，强调规划建设的集约化

应用整体统筹的发展思想，形成发展合力，提高规划推动廊道空间的综合与叠加利用，最大限度地利用现有空间资源，减少廊道建设空间的拓展成本。借助人与自然的协同作用，寻求人与自然的最大共同利益，实现可持续发展。

2.6.2 服务经济，强化城市发展的效能叠加

区域廊道的综合已不再拘泥于基础设施，而是在一定的空间范围内，通过对各类城市功能的有效叠加，实现"自组织生长"，为城市创造大量的经济效益，激发城市活力，从而推进城市的发展。而城市的快速发展致使居民的需求更加多样化，多样化的需求产生了更多种要素功能的吸引，从而产生更高程度的城市功能叠加效益。功能叠加的倍增效应促进相互关联的功能聚在一起，从而实现经济的可持续发展。

2.6.3 超前预留，强调预研预控的重要性

要依据未来城市发展方向预留区域性灰色市政及交通基础设施廊道空间，避免因基础设施廊道空间缺乏预见性而阻碍城市的发展，对预期可能引入的重大给排水管线、交通、电力和燃气等线性基础设施预留综合廊道空间。同时，利用设施廊道防护空间构筑连续绿带，规避或削减灰色基础设施建设带来的环境影响，减少景观割裂、功能割裂，从而优化区域景观网络结构，也为规划区域的生物多样性和自由流动创造条件。

3　区域综合廊道的分类与概念体系构建

区域综合廊道空间概念体系应分级与分类相结合。本研究提出"四等级、三中类、十一小类"的空间概念体系。"四等级"是指与空间规划等级对应的国家级、省（市）级、区（县）级、镇（乡）级；"三中类"是按分类标准的不同而形成三个中间划分类型，具体包括按主导功能分类、按空间等级分类、按空间关系分类；"十一小类"详见图 3-1 区域综合廊道空间概念框架图。

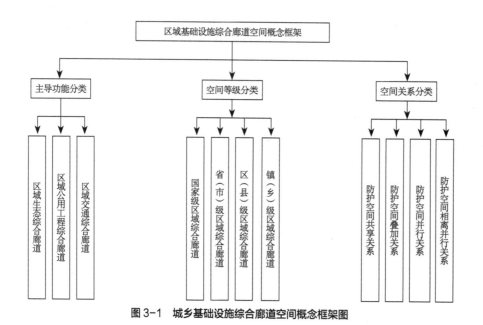

图 3-1　城乡基础设施综合廊道空间概念框架图

3.1　综合廊道的城乡地域分类

按照综合廊道所处的地域，建议将综合廊道划分为区域综合廊道和城市综合廊道。

3.1.1　区域综合廊道

这是指空间上处于城市、镇、乡的规划建设用地范围以外的基础设施综合廊道空间，是一个按规划预留、有一定管治要求的带状空间。区域综合廊道的规划和预留，强调适应不可预见性需求，应根据城市未来的发展方向而定。对于区域性交通廊道，重大水源的引入，重大排水管线的去向，重大电力、燃气、输油等能源输送管线的可能走向，均应预留预控。

在理解中应注意其不是地下综合管廊、共同沟、综合管廊、市政管廊，而是综合了多种廊道空间使用用途，基于共享、共建、协同理念，以区域综合廊道的技术方法和空间政策手段，解决区域基础设施专业廊道空间预留弹性问题；是在国土空间规划阶段就应该确定下来的、需要为尚未预见的基础设施廊道控制的、为区域内的各级城镇服务的区域基础设施廊道预留空间。

3.1.2　城市综合廊道

这是指空间上处于城市规划建设区范围内的基础设施综合廊道。这里的城市规划建设区包括建成区和规划未建成区。从用地角度看，是处于规划城镇建设用地范围内的基础设施综合廊道，不包括乡村建设用地。本书重点讨论的是与城市综合廊道相对应的区域综合廊道。

3.2　区域综合廊道的功能分类

按照廊道的不同主体功能类型，建议将区域综合廊道划分为以生态基础设施为主的综合廊道、以公用设施为主的综合廊道、以交通设施为主的综合廊道三种综合廊道。

3.2.1　以交通基础设施为主的区域综合廊道

依托现状或规划的主要交通设施廊道走向进行规划预控的区域综合廊道类型，简称为"区域交通综合廊道"。具体包括各种等级和速度的铁路、各种等级和速度的公路等交通设施廊道线性空间。由于区域交通的重要性和空间保障的基础性，以交通基础设施为主的综合廊道是区域综合廊道的主要依托对象。

3.2.2 以公用基础设施为主的区域综合廊道

是指依托现状或规划的主要公用设施廊道走向进行规划预控的区域综合廊道，简称"区域公用综合廊道"。具体包括水、电、燃气、燃油、通信等公用基础设施廊道。以公用设施为主的综合廊道空间，按照架设方式可分为架空方式和地下埋设方式两种。根据传输压力的不同，一般可分为高、中、低压三种不同传输等级。各类公用基础设施的专用廊道都具有独立的防护距离要求。

3.2.3 以生态基础设施为主的区域综合廊道

是指依托现状或规划的生态基础设施廊道走向进行规划预控的区域综合廊道，简称"区域生态综合廊道"。一般可划分为绿化生态廊道和水生态廊道。绿化生态廊道一般表现为带状公园、带状山体绿地和林荫道等线性空间。水生态廊道一般表现为宽度不同的溪河。生态基础设施为主的综合廊道主要由植被、水体等生态性结构要素构成，用于连接破碎斑块，为生物迁徙及生存创造较大面积的生境。国外对于生态型廊道的研究侧重于生物多样性的保护层面。区域生态综合廊道不仅对城市的环境质量起到改善作用，树立城市的美好形象，而且对城市的交通、人口分布等都有着重要的影响。

3.3 区域综合廊道的空间等级

区域综合廊道按其服务辖区的行政等级可分为国家级、省（市）级、区（县）级和镇（乡）级区域综合廊道。

3.3.1 国家级区域综合廊道

国家级区域综合廊道通常服务于国家宏观层面城镇群之间的基础设施廊道拓展需求，依托国家级的交通、输电、输气、输水重大基础设施廊道进行合理选线。其主要依托高速铁路网、高速公路网、南水北调和西气东输等重大跨区域基础设施，基于国家和区域城镇群层面的国土空间规划编制中对廊道功能预控的需求，在省会城市和区域重点城市的对外联系方向上作规划预控。

3.3.2 省（市）级区域综合廊道

省（市）级区域综合廊道通常服务于省会城市、直辖市或地级市的主要对外方向上的基础设施廊道拓展需求。主要依托的廊道功能包括铁路、轨道交通、国省道、高压电力、高压输气、输油、区域性供水等设施走廊和配套设施。在其重点联系方向上进行规划预控，形成省（市）级区域综合廊道，可主要用于省（市）级国土空间规划。

3.3.3 区（县）级区域综合廊道

区（县）级区域综合廊道通常服务于区（县）中心城镇的主要对外方向上的基础设施廊道拓展需求。主要依托的廊道功能包括省道、县道、高压电力、高压输气、输油、输水等设施走廊和配套设施。主要用于区（县）域的国土空间规划编制，在中心城镇的重点对外联系方向上规划预控区（县）级区域综合廊道。

3.3.4 镇（乡）级区域综合廊道

镇（乡）级区域综合廊道通常服务于镇乡中心场镇的主要对外联系方向上的基础设施廊道拓展需求。可依托县乡道、10~35千伏电力线路，服务镇（乡）的中压输气管线等。用于镇（乡）域的国土空间规划编制，在镇（乡）中心场镇的重点对外联系方向上规划预控镇（乡）级区域综合廊道。

3.3.5 不同等级综合廊道的主次分类

按照区域综合廊道服务的中心城镇规划对外廊道空间预控需求的重要性，宜将区域综合廊道分为主综合廊道和次综合廊道两种类型。主综合廊道一般选择主要对外联系通道方向或主要基础设施来源方向；次综合廊道一般选择其他次要的联系方向。

3.4 不同廊道间综合利用的空间关系模式分类

基础设施的廊道空间一般由两部分空间构成：一部分是廊道物理实体空间，如道路红线、高压线投影空间等；另一部分是廊道防护空间，也称防护距离，一般以隔离绿化带的方式存在。不同类型和不同等级的基础设施廊道对防护距离有不同的标准规范要求。应该严格按照有关规范的要求设置。

本研究认为在同一个综合廊道内，不同廊道空间综合利用有四种关系模式：一是共享关系，二是叠加关系，三是并行关系，四是相离并行关系。并行和相离并行关系是根据两个廊道防护空间之间的相对距离不同进行的描述，中间如果有其他廊道的情况下我们就称之为相离并行关系。

3.4.1 防护空间共享关系

防护空间共享关系，主要是指是两个或两个以上专业性基础设施廊道间，在横向、竖向物理空间上可以共享，可以在满足相关规范要求下，一条廊道的防护空间与另一条廊道的防护空间部分共用。如不同速度等级的交通廊道之间的防护空间，交通廊道与水、电、气廊道空间、水、电、气廊道空间之间，都可以共享使用。

（1）交通廊道之间空间共享

原则上，不同等级交通廊道的防护空间可以共享。低等级的交通廊道可以与高等级的交通廊道共享防护空间，交通廊道实体空间的距离应满足高等级交通廊道的防护要求，同时要满足护坡等廊道防护结构对安全距离的要求和道路征地红线的要求。

（2）电力与交通廊道空间共享

一般情况下，区域电力廊道与交通廊道如满足表3-1、表3-2的要求，便可进行廊道空间共享。

架空电力塔杆外缘至路基最小水平净距　　　　　　　　　　　表3-1

电力等级	110千伏	220千伏	330千伏	500千伏
最小水平净距（开阔区域）	7	8	9	14
最小水平净距（路径受限制区域）	5	5	6	8

（资料来源：城市电力规划规范（GB/T 50293-2014））

架空电力线路导线与地面之间的最小垂直距离（米）（考虑导线最大弧垂）表3-2

线路经过地区	线路电压（千伏）						
	<1	1~10	35~110	220	500	750	1000
居民区	6.0	6.5	7.5	8.5	14.0	19.5	27.0
非居民区	5.0	5.0	6.0	6.5	11.0	15.5	22.0
交通困难地区	4.0	4.5	5.0	5.5	8.5	11.0	19.0

（资料来源：城市电力规划规范（GB/T 50293-2014））

（3）燃气与相关廊道之间空间共享

一般情况下，区域高压燃气廊道满足表3-3的要求，便可进行廊道空间共享。

燃气管道至相关设施最小水平净距　　　　　　　　　　　　表3-3

相关设施	高压铁塔基础边	高压燃气管道	道路侧石边缘	铁路钢轨（或坡脚）
最小水平净距（米）	5	0.5	2.5	5

（资料来源：城镇燃气规划规范（GB/T 51098-2015））

（4）输油与相关廊道叠加

油田气集输管道与架空输电线路平行敷设时，如满足表3-4的要求，便可进行廊道空间共享。

石油集输管道与架空输电线路平行敷设安全距离要求　　表3-4

名称	3千伏以下	3~10千伏	35~66千伏	110千伏	220千伏
开阔地区	最高杆（塔高）				
路径受限制地区（米）	1.5	2.0	4.0	4.0	5.0

（资料来源：输气管道工程设计规范（GB 50251-2015））

原油埋地集输管道同铁路平行敷设时，应距铁路用地范围边界3m以外。当必须通过铁路用地范围内时，应征得相关铁路部门的同意，并采取加强措施。对相邻电气化铁路的管道还应增加交流电干扰防护措施。

管道同公路平行敷设时，宜敷设在公路用地范围外。对于油田公路，集输管道可敷设在其路肩下。

（5）供水与相关廊道叠加

一般情况下，区域供水廊道与相关设施满足表3-5，便可进行廊道空间共享。

供水管道至相关设施最小水平净距　　表3-5

相关设施	高压铁塔基础边	高压燃气管道	道路侧石边缘	铁路钢轨（或坡脚）
最小水平净距（米）	3	1.5	1.5	5

（资料来源：城市给水工程规划规范（GB 50282-2016））

（6）通信与相关廊道叠加

一般情况下，区域性微波通道保护区按轴线不低于50米宽度控制，通道保护区内避免有高层建（构）筑物、障碍物，通道保护有明确要求时从其规定，具体参数应根据有关规范确定。

（7）案例

本研究以常见的区域性交通和电力廊道共享为例，表达相关的共享关系。如图3-2所示，区域性500千伏电力廊道与高速公路，可实现30米宽的防护廊道共享，即可节省约30米的廊道宽度。

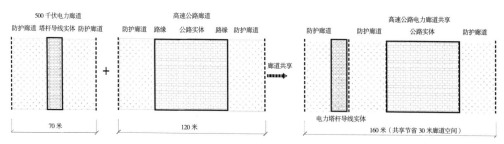

图 3-2　500 千伏电力廊道与高速公路廊道共享关系示意图

3.4.2　防护空间叠加关系

防护空间叠加关系，是指两个或两个以上专业性基础设施廊道间，一个廊道的纵向物理空间处于另一个廊道的防护空间上的重叠关系。

叠加关系是最紧密、高效的廊道空间综合利用关系，在城市综合廊道中较为普遍，尤其是较高等级的交通廊道与相对较低等级的水、电、气廊道之间的重叠表现最为突出。一般情况下，高等级交通廊道的单侧廊道防护宽度达到 30~50 米便能够覆盖较低等级的水、电、气廊道，从而形成这种廊道叠加关系。防护空间叠加关系的使用需要进行精心的设计。

3.4.3　防护空间的并行或相离并行关系

防护空间并行或相离并行关系，是指出于城乡安全考虑，两种基础设施廊道的防护空间必须保持自己必要的独立宽度，可称之为并行关系；不提倡防护空间共享，甚至希望其相互之间在廊道内有其他廊道隔离，则称之为相离并行关系。

如处理高压燃气廊道与高压电力廊道之间的关系时，就应该尽可能在其廊道防护距离的中间增加道路交通基础设施廊道，使两者之间形成相离并行的关系。其主要原因是长输燃气管道与电力设施之间存在安全隐患，即阴极保护和电力线缆之间干扰电流相互影响，容易造成腐蚀。电力设施各类接地体的杂散电流对管道产生影响，易造成腐蚀。在电力设施附近的管道一旦出现泄漏，遇电火花，很可能出现强烈爆炸或剧烈燃烧。电力设施的杆、塔一旦倒塌，会对管道造成严重破坏，更有甚者会对城乡居民的生命财产安全构成严重威胁。

所以，埋地长输燃气管道与架空电力廊道应遵循表 3-6 要求：

架空电力线路导线与地面之间的最小垂直距离表							表3-6
线路电压（千伏）	≤3	3~10	35~66	110	220	330	500
架空电力线路至管道（含附属设施）任何部分的最小垂直距离（米）	1.5	3.0	4.0	4.0	5.0	6.0	7.5
架空电力线路的边导线至管道（含附属设施）任何部分的最小水平距离（米）	最高杆（塔）高						

注：1. 最小垂直距离考虑导线最大弧垂；2. 高压铁塔高度一般在60~70米，如果电力线路遇上大跨越，比如跨江、跨高速等，铁塔高度会增加，一般在80～90米及以上。

3.4.4　各种基础设施廊道之间的相互关系分析

本研究根据相关国家规范和不同廊道的性质与要求，分别针对电力、燃气、供水、公路、铁路、山系、水系、绿系等各类廊道进行了空间关系探讨，具体要求见表3-7。

不同廊道间综合利用空间关系分析表								表3-7
	电力	燃气	供水	公路	铁路	山系	水系	绿系
电力	—	相离/并行	共享	共享	共享	叠加	叠加	叠加
燃气	相离/并行	—	共享	共享	共享	叠加	叠加	叠加
供水	共享	共享	—	叠加	叠加	叠加	共享	叠加
公路	共享	共享	叠加	—	共享	叠加	并行/共享	叠加
铁路	共享	共享	叠加	共享	—	叠加	并行/共享	叠加
山系	叠加	叠加	叠加	叠加	叠加	—	叠加	叠加
水系	叠加	叠加	共享	并行/共享	并行/共享	叠加	—	叠加
绿系	叠加	叠加	叠加	叠加	叠加	叠加	叠加	—

4 区域综合廊道的规划关键技术

4.1 按功能划分的区域综合廊道规划技术

4.1.1 区域交通综合廊道的规划技术

4.1.1.1 区域交通综合廊道的分级与分类

城市对外交通走廊主要涉及铁路和公路，其分级与分类主要参照所依托的主交通廊道的等级与类型进行。其中，铁路按运输功能应分为普速铁路、高速铁路和城际铁路。公路按在公路网中的地位和技术要求可分为高速公路、一级公路、二级公路、三级公路和四级公路；公路按联系城镇的等级，可分为国道、省道、乡道、村道等几个等级。公路的行政等级和技术等级没有对应关系，技术等级主要与公路上的车行速度相关。依托交通基础设施的综合廊道，是区域综合廊道的主要实现形式。

4.1.1.2 区域交通廊道的控制标准

区域交通廊道的设置应服务于城市拓展，并适应机动化和快速交通的发展方向，根据土地使用、客货交通源和集散点的分布、交通量流向，并结合地形地貌、河流走向、工程地质条件、现状和规划的高速铁路、高速公路布局和城市道路系统布局，因地制宜地确定。

各相邻城市、城镇之间宜有两条廊道相联系，城镇每个主要出入口方向应有两条对外的交通廊道，七度地震设防的城市每个主要方向应有不少于两条对外放射的交通廊道。山区道路应尽量平行等高线设置，并应考虑防洪要求。廊道宜设在谷地或坡面上，双向交通的道路可分别设置在不同的标高上。

具体控制标准参见表 4-1。

区域交通廊道宽度控制标准汇总表	表4-1

廊道类型	廊道宽度要求
高速铁路	城镇建成区外高速铁路两侧隔离带规划控制宽度应从外侧轨道中心线向外不小于50米；单条廊道宽度110米
普速铁路	普速铁路干线两侧隔离带规划控制宽度应从外侧轨道中心线向外不小于20米；单条廊道宽度50米
城际铁路	城际铁路两侧隔离带规划控制宽度应从外侧轨道中心线向外不小于15米；单条廊道宽度40米
高速公路	高速公路红线宽度40~60米，两侧各控制20~50米绿化带；单条廊道宽度80~160米
一级公路	公路红线宽度30~50米，两侧各控制10~30米绿化带；单条廊道宽度50~110米
二级公路	公路红线宽度20~40米，两侧各控制10~20米绿化带；单条廊道宽度40~80米
三级公路	公路红线宽度10~24米，两侧各控制5~10米绿化带；单条廊道宽度20~44米
四级公路	公路红线宽度8~10米，两侧各控制2~5米绿化带；单条廊道宽度12~20米

注：各类廊道宽度要求主要参照《城市对外交通规划规范》（GB 50925–2013）。

4.1.1.3 区域交通综合廊道的规划要求分析

以高铁、高速公路为主要通道形成的区域综合廊道，在铁路与公（道）路并行路段，应在靠近公路一侧设置护栏。其防撞等级应根据铁路、公路等级和路段设计行车速度确定，并应设置必要的公路交通标志、标线、减速和引导设施。区域交通综合廊道控制宽度结合技术要求、安全防护和养护维修等因素综合分析确定，在对外联系主方向一致的基础上，在满足国家标准的前提下，鼓励廊道之间并行综合使用廊道空间。不同等级的交通廊道间的防护距离可以是共享关系，但是，应满足高防护距离的廊道控制需要，参见表4-2。

在走向选择上，低等级廊道应服从于高等级的综合廊道，在必要的情况下可对低等级廊道走向进行改线，以提高土地利用的完整性。

区域交通设施廊道组合分析表			表4-2

廊道类型	廊道组合方式	并行关系下廊道宽度要求（米）	共享关系下廊道宽度要求（米）
区域交通	高铁＋高速	110+80=190 110+160=270	110+80-20=170 110+160-50=220
	高铁＋普铁	110+50=160	110+50-20=140
	高铁＋城际铁路	110+40=150	110+40-15=135
	高铁＋高速＋普铁	110+80+50=240 110+160+50=320	110+80+50-20-20=200 110+160+50-50-20=250

续表

廊道类型	廊道组合方式	并行关系下廊道宽度要求（米）	共享关系下廊道宽度要求（米）
区域交通	高速＋普铁	80+50=130 160+50=210	80+50-20=110 160+50-20=190
	高速＋城际铁路	80+40=120 160+40=200	80+40-15=105 160+40-15=185
	高速＋普铁＋城际铁路	80+50+40=170 160+50+40=250	80+50+40-20-15=135 160+50+40-20-15=215
	高铁＋高速＋普铁＋城际铁路	110+80+50+40=280 110+160+50+40=360	110+80+50+40-20-20-15=225 110+160+50+40-50-20-15=275
	高铁＋一级公路	110+50=160 110+110=220	110+50-10=150 110+110-30=190
	高铁＋二级公路	110+40=150 110+80=190	110+40-10=140 110+80-20=170
	普铁＋一级公路	50+50=100 50+110=160	50+50-10=90 50+110-30=130
	普铁＋二级公路	50+40=90 50+80=130	50+40-10=80 50+80-20=110
	城际铁路＋一级公路	40+50=90 40+110=150	40+50-10=80 40+110-30=120
	城际铁路＋二级公路	40+40=80 40+80=120	40+40-10=70 40+80-20=100

注：各类廊道宽度要求主要参照《城市对外交通规划规范》（GB 50925-2013）。

4.1.2　区域公用设施综合廊道的综合利用

4.1.2.1　区域公用综合廊道的分类与分级

以区域公用基础设施为主的综合廊道，可简称为"区域公用综合廊道"，主要有电力、燃气廊道。

（1）电力廊道

区域电力廊道一般为35千伏以上等级，主要包括35、110、220、500（直流交流）、750、800（直流）、1000千伏等级的电力廊道。

本研究建议500（直流交流）、750、800（直流）、1000千伏等级的电力廊道，为省（市）级综合廊道；110、220千伏的电力廊道，为区（县）级综合廊道；35、110千伏的电力廊道，为镇（乡）级综合廊道。

（2）燃气廊道

根据《输气管道工程设计规范》（GB 50251-2015），燃气管道设计压（P）可分为7级，参见表4-3。

城镇燃气输送压力（表压）分级表 表4-3

名称		压力（兆帕）
高压燃气管道	A	2.5＜P≤4.0
	B	1.6＜P≤2.5
次高压燃气管道	A	0.8＜P≤1.6
	B	0.4＜P≤0.8
中压燃气管道	A	0.2＜P≤0.4
	B	0.01≤P≤0.20
低压燃气管道		P＜0.01

建议省（市）级燃气廊道包括高压燃气廊道，区（县）级燃气廊道包括高压、次高压燃气廊道，镇（乡）级燃气廊道主要包括中压燃气管道。

（3）通信廊道

区域性通信廊道主要为服务于城市的骨干微波通道和光缆等。微波传输作为通信的主要辅助传输方式，是通信综合传输网的重要组成部分。大城市、特大城市入城的重要微波通道一般宜相对集中控制，节约廊道空间。微波通道保护范围主要是指微波通道上一定间距的点或有代表性的点通道畅通的保护宽度。微波通道保护直接与城市空间资源利用及协调相关，必须纳入各级国土空间规划综合考虑。一般需要在微波接力站天线的微波通道正前方设置核心净空区、保护区；在核心净空区内不应有森林、树木、建筑物、构筑物；核心净空区的具体参数应根据有关规范确定，一般根据微波通道轴线划定控制宽度。

4.1.2.2 区域公用廊道的控制标准

（1）电力廊道

根据《城市电力规划规范》（GB/T 50293-2014），电力廊道宽度控制标准要求见表4-4。

35～1000千伏高压架空电力线路规划走廊宽度一览表　　表4-4

线路电压等级（千伏）	高压线走廊宽度（米）
直流 ±800	80~90
直流 ±500	55~70
1000（750）	90~110
500	60~75
220	30~40
110	15~25
35	15~20

（2）燃气廊道

区域性高压输气廊道应分区管控，一般情况下，城市建成区应依据《城镇燃气规划规范》（GB 50028），非城镇建设区域可依照《输气管道工程设计规范》（GB 50251）控制。当《输气管道工程设计规范》《城镇燃气设计规范》对某项参数选取技术指标要求不一致时，应该从严执行。

根据《输气管道工程设计规范》（GB 50251-2015），燃气廊道规划控制可按以下要求。

沿管道中心线两侧各200米范围内，任意划分为1.6公里长并能包括最多供人居住的独立建筑物数量的地段，作为地区分级单元。在多单元住宅建筑物内，每个独立住宅单元按一个供人居住的独立建筑物计算。

管道等级应根据地区分级单元内建筑物的密集程度划分，可参考如下标准：一级地区为有12个或12个以下供人居住的独立建筑物；二级地区为有12个以上、80个以下供人居住的独立建筑物；三级地区是介于二级和四级之间的中间地区，即有80个或80个以上供人居住的独立建筑物，但不够四级地区条件的地区、工业区或距人员聚集的室外场所90米内铺设管线的区域；四级地区为4层或4层以上建筑物（不计地下室层数）普遍且占多数、交通频繁、地下设施多的城市中心城区（或镇的中心区域等）。

二、三、四级地区的长度应按下列规定调整：四级地区垂直于管道的边界线距最近地上4层或4层以上建筑物不应小于200米；二、三级地区垂直于管道的边界线距该级地区最近建筑物不应小于200米；确定城镇燃气管道地区等级，宜按城镇规划为该地区的今后发展留有余地。

高压燃气管道在通过一、二、三级地区时，管道控制走廊宽度宜符合表4-5的规定。

高压燃气管道控制走廊宽度一览表（单位：米）   表4-5

地区等级	管径（毫米）	压力（兆帕）		
		1.61	2.50	4.00
一、二级	900~1050	53	60	70
一、二级	750~900	40	47	57
一、二级	600~750	31	37	45
一、二级	450~600	24	28	35
一、二级	300~450	19	23	28
一、二级	150~300	14	18	22
一、二级	<150	11	13	15
三级	壁厚 δ<9.5	13.5	15	17
三级	9.5 ≤壁厚 δ ≤ 11.9	6.5	7.5	9.0
三级	壁厚 δ>11.9	3.0	2.0	3.0

注：该表适用范围在非城镇建设用地内；大于4兆帕的燃气管道应论证后确定。

高压燃气管道不宜进入四级地区；当受条件限制需要进入或通过四级地区时，应遵守下列规定：高压 A 地下燃气管道与建筑物外墙面之间的水平净距不应小于 30 米（当管壁厚度 δ ≥ 9.5 毫米或对燃气管道采取有效的保护措施时，不应小于 15 米）；高压 B 地下燃气管道与建筑物外墙面之间的水平净距不应小于 16 米（当管壁厚度 δ ≥ 9.5 毫米或对燃气管道采取有效的保护措施时，不应小于 10 米）。

（3）通信廊道

一般情况下，区域性微波通道保护宽度不得低于 50 米，由于影响因素较多，涉及对高度的控制等因素，通道保护区内应避免有高层建（构）筑物、障碍物，通道保护区有明确要求时从其规定，具体控制参数应根据有关规范进行详细测算，并编制微波廊道控制规划。

4.1.2.3 区域公用综合廊道规划的要求分析

（1）不同等级电力廊道防护空间共享关系

一般情况下，在满足国家标准的前提下，若满足电力导线水平防护距离要求，电力廊道即可综合使用。其相互间是防护空间的共享关系，防护空间可以共用。平行敷设的架空电力线路规划走廊中心线间的最小水平距离应不小于表 4-6 的规定值。

平行关系敷设35～1000千伏架空电力线路规划走廊中心线
最小水平距离一览表（单位：米） 表4-6

线路电压等级（千伏） \ 线路电压等级（千伏）	直流 ±800	直流 ±500	1000（750）	500	220	110	35
直流 ±800	55	55	65	55	55	55	55
直流 ±500	55	45	65	45	45	45	45
1000（750）	65	65	65	65	65	65	65
500	55	45	65	45	45	45	45
220	55	45	65	45	30	30	30
110	55	45	65	45	30	25	25
35	55	45	65	45	30	25	25

（2）不同等级燃气廊道间防护空间共享关系

一般情况下，在满足国家标准的前提下，若满足防火设计规范相关要求，燃气廊道即可综合使用。低压、中压、次高压燃气管道与建筑物、构筑物或相邻管道之间的水平净距，不应小于表4-7的规定。

地下燃气管道与建筑物、构筑物或相邻管道之间的
水平净距一览表（单位：米） 表4-7

项目		地下燃气管道压力（兆帕）				
		低压<0.01	中压		次高压	
			B	A	B	A
其他燃气管道	DN ≤ 300 毫米	0.4	0.4	0.4	0.4	0.4
	DN>300 毫米	0.5	0.5	0.5	0.5	0.5

注：1. 当次高压燃气管道压力与表中数不相同时，可采用直线方程内插法确定水平净距；2. 如受地形限制不能满足要求，经与有关部门协商，采取有效的安全防护措施后，表中规定的净距可适当缩小。但低压管道不应影响建（构）筑物和相邻管道基础稳固性，中压管道距建筑物基础不应小于0.5 米，且距建筑物外墙面不应小于1 米，次高压燃气管道距建筑物外墙面不应小于3 米。当对次高压A 燃气管道采取有效安全防护措施或当管道壁厚不小于9.5 毫米时，管道距建筑物外墙面不应小于6.5 米；当管壁厚度不小于11.9 毫米时，管道距建筑物外墙面不应小于3 米。

高压燃气输气管线与建筑物、构筑物或相邻管道之间的水平净距，应进行专题论证后确定。

（3）电力、燃气之间相离并行关系

从安全角度出发，不鼓励电力、燃气廊道综合使用。当电力与燃气廊道综合利用不可避免时，必须满足各自的安全防护距离，并满足《城市电力规划规范》（GB 50293-2014）、《城镇燃气规划规范》（GB/T 51098-2015）、《城镇燃气设计规范》（GB 50028-2006）、《输气管道工程设计规范》（GB 50251-2015）、《建筑设计防火规

范》（GB 50016–2018）的相关规定。

4.1.3 区域生态综合廊道的规划技术

4.1.3.1 区域生态综合廊道的相关概念

学者俞孔坚等人在《"反规划"途径》一书中，对生态基础设施的概念有如下描述[①]。

生态基础设施是维护生命土地的安全和健康的关键性空间格局，是城市和居民获得持续的自然服务（生态服务）的基本保障，是城市扩张和土地开发利用不可触犯的刚性限制。强调生态基础设施是一种空间结构（景观格局），必须先于城市建设用地的规划和设计而进行编制（俞孔坚，李迪华，2001，2002，2003）。

关于生态基础设施的理解，需要综合以下几个方面：一是生态基础设施作为自然系统的基础结构；二是生态基础设施作为生态化的人工基础设施；三是廊道作为生态基础设施的主要结构形式；四是生态基础设施作为健全和保障生态服务功能的基础性景观格局。

生态基础设施的概念最早见于联合国教科文组织的"人与生物圈计划（MAB）"研究。1984年，在"人与生物圈计划"针对全球14个城市的城市生态系统研究报告中提出了生态城市规划五项原则，其中用生态基础设施表示自然景观和腹地对城市的持久支持能力，也可泛指与城市建成区域相对应的自然区域。

在英文中，"Infrastructure"有以下几层含义：作为某种系统的下部基础或基本框架（或结构）；对该系统的正常运行是必需的；同时为系统提供资源、服务或供给，具有公共产品的意义。这些解释对于各种基础设施无疑都是适用的，生态基础设施也不例外。因此，其最初的概念认为：无论针对自然的生物栖息地系统，还是人类的城市栖息地系统，生态基础设施是指对系统运行及栖居者的持久生存具有基础性支持功能的资源或服务。还有学者从生态经济学角度揭示出生态过程和生命支持系统对人类生存的"基础性"价值。

区域生态综合廊道在空间位置上处于城镇之间，主要由植被、水体、山系等生态型结构要素构成。廊道的宽度和构成是规划和保证其有效性的关键。宽度和构成的设定应该从其功能入手，如生物保护、防洪、防止农业营养物质流失以及文化遗产保护和游憩等功能。不同气候带对廊道宽度和构成的要求也会不同。廊道宽度和范围的确定是至关重要的，因此应给予充分的关注。如河流廊道的宽度与构成包括了宏观与微

---

① 俞孔坚，李迪华，刘海龙. "反规划"途径 [M]. 中国建筑工业出版社，2005.

观结构的划分。不同尺度的功能也对结构与宽度提出了不同的要求。

如果把生态系统服务（Ecosytem Services）思想与对生态"基础性"价值和生态结构（Ecological Structure）的认识结合来理解，那么区域生态综合廊道作为生态基础设施的概念将会更趋清晰，也将有利于促成其理论体系的进一步完善。所以，应对于城市市政基础设施为城市及居民提供社会经济系统的服务，区域生态综合廊道作为生态基础设施则为城市及居民提供生态系统的服务。

4.1.3.2　生态综合廊道的分类

参照《重庆市美丽山水城市规划》的有关成果，按照城市生态廊道主体构成和表现形态可将其分为：山系生态廊道、水系生态廊道、绿系生态廊道。

（1）山系生态廊道

山系生态廊道是城市的生态屏障，也是重要的生态源地。相依相连的山系生态廊道，不但有利于各种生物的栖息与繁殖，而且能调节城市气候。山系生态廊道是城市规划中严格控制的非建设用地，应加以保护，禁止挖山、采石、滥砍滥伐林木等破坏行为，并对已破坏的地区进行生态恢复，提高山体的植被覆盖率，建设连续的山系廊道体系。

（2）水系生态廊道

水系生态廊道，主要包括河流、湖泊、水塘、湿地、滩涂等涉水空间及其保护控制区域。城市中的河流水系由小溪汇聚成江河，形成树枝状的景观格局，这种分布广泛而又相互连接的空间特征，为水系廊道体系的构建提供了天然依托。

水系生态廊道的建设是在不破坏河流自然属性的基础上，保护河流景观及断面的完整性和水系廊道之间的连通性。完整的水系廊道断面应包括河床、河漫滩、河岸及两侧的植被。水系廊道的完整性增加了滨水过渡生境的类型，还能有效阻止污染物的汇入，有利于净化水质，同时为城市居民创造可涉水空间，优化城市视觉景观。应修复和建设沿河绿带，增加水系廊道的连通性，构建融休闲、交通、绿化于一体的水系生态廊道体系。

（3）绿系生态廊道

绿系生态廊道主要是指以自然和人工植被为主要存在形态的带状用地，主要分为城市和区域绿系生态廊道。例如广州和成都等地结合绿系生态廊道建设步行系统，形成绿道。

城市绿系生态廊道，是指城市建设用地范围内主要对居民日常生活、工作、休闲环境有直接影响的带状绿地，主要包括公园绿地、生产绿地、防护绿地、附属绿地。

区域绿系生态廊道，是指在城乡规划区范围外，对城乡生态环境质量、居民休闲生活、城市景观、大地景观和生物多样性保护等有直接影响的带状绿地，包括自然保护区、风景名胜区、郊野公园、森林公园、水源保护区、风景林地、城乡绿化隔离带、野生动植物园、湿地、生态农业区、垃圾填埋场恢复绿地等非建设用地。

4.1.3.3　生态廊道的规划要求

（1）山系生态廊道规划要求

1）建立山系生态廊道保护名录

将保护价值较高的城周山体、城中山体纳入山系生态廊道保护保护名录，建立有效的管控机制，有利于山体保护的切实执行。

2）划定山系生态廊道保护控制线

采用刚柔并济的方式，划定山系生态廊道的保护线与协调区范围线，针对保护区与协调区分级制定控制引导措施，对山系及其周边的建设行为进行有效的控制。

3）控制周边开发强度

对山系生态廊道周边建设地块开发强度与建筑高度等提出控制要求，通过控制山系之间、山系与城市之间的视线通廊，建立山系与城市之间的和谐关系，使山与城融合为一整体。

4）编制城周、城中重要山体生态廊道保护规划

合理划定城周、城中重要山系生态廊道保护区域，包括禁建区、重点控建区、一般控建区。

5）编制山脊线、崖线生态廊道保护规划

城市山脊线是极具特色的城市生态廊道，是体现立体城市特色的重要载体，保护城市山脊线廊道对于延续山地城市特色具有重要意义。禁止开发建设行为对山脊植被与自然地形造成破坏，禁止深开挖、高切坡等破坏山体的建设行为。重点保护山脊线景观，控制新建建筑高度，崖线下的建筑高度原则上不超过山脊线高度的2/3，避免崖下建筑与山顶建筑连片，完全遮挡山脊线。控制山脊上的眺望点与垂直崖线方向的视线通廊，确保周边新建建筑不对主要景观视廊形成遮挡。山脊线周边建筑宜采用与山体色彩相融合的灰色调。

（2）水系生态廊道规划要求

1）规划原则

应确定和理解周围土地利用方式对河流生物群落及河流廊道完整性的影响。

水系生态廊道至少应该包括河漫滩、滨河林地、湿地以及河流的地下水系统。也包括其他一些关键性的地区，如间歇性的支流、沟谷和沼泽、地下水补给和排放区，以及潜在的或实际的侵蚀区（如陡坡、不稳定土壤区）。

根据周围土地利用方式来确定廊道的宽度。如森林砍伐区、高强度农业活动区和

高密度的房地产开发都应该相应设更宽的廊道。

滨水缓冲区宽度应该与以下几个因素成正比：一是对径流、沉积物和营养物的产生有贡献的地区面积；二是河流两岸相邻的坡地以及滨河地带的坡度；三是河边高地上人类活动如农业、林业、郊区或城市建设的强度。廊道的植被和微地形越复杂、密度越大，所需要的廊道宽度就越小。

2）水生态廊道保护控制标准

《重庆市河道管理条例》和《重庆市水利工程管理条例》对水系的管控按表4-8的要求执行，并强化城市防洪功能，界定其与开发用地的关系。

重庆市水生态管理控制的要求一览表　　　　　　　　　　　表4-8

重庆市河道管理条例	四类河道区域的管控要求	① 10 年一遇洪水位以下为河道主行洪区，不允许任意侵占、开发； ② 10 年一遇至 20 年一遇洪水位为城市建设限制使用区，以保持天然河岸为主，经论证、批准也可适当修建湿地、生态工程； ③ 20 年一遇至 50 年一遇洪水位之间为城市建设控制使用区，不得修建住宅、办公楼、仓库等永久性建筑物； ④ 50 年一遇洪水位至 100 年一遇洪水位之间为城市建设可使用区（北碚区位于 20 年一遇洪水位至 50 年一遇洪水位之间），经批准在该区域修建的建筑物应具有防淹、抗冲和人员、物资撤退通道等功能
	新开发区的居民点要求	必须选建在重庆（玄坛庙）水位196米高程线以上
重庆市水利工程管理条例	新建水利工程	新建水利工程，应按照批准的设计方案划定管理范围和保护范围，并依法完善管理范围内土地使用权等有关手续
	已成水利工程没有划定管理范围和保护范围的	①水库的校核洪水位线以下的库区为水库管理范围，校核洪水位线以上至与坝顶高程齐平的库区为水库保护范围； ②大型水库的主坝坡脚和坝端外 200 米、副坝坡脚和坝端外 50 米的区域为管理范围，主坝管理范围以外 300 米、副坝管理范围以外 150 米的区域为保护范围；中型水库和位置重要的小型水库主坝坡脚和坝端外 100 米、副坝坡脚和坝端外 50 米的区域为管理范围，主坝管理范围以外 200 米、副坝管理范围以外 150 米的区域为保护范围；一般小型水库主坝坡脚和坝端外 50 米的区域为管理范围，管理范围以外 100 米的区域为保护范围； ③河道堤防的内外堤脚外 5 米的区域为管理范围，管理范围以外 10 米的区域为保护范围； ④山坪塘坝坝以及其他挡水、泄水、蓄水、放水、发送电等建筑物的边线以外的 5~10 米区域为管理范围，管理范围以外的 50 米区域为保护范围； ⑤引水、提水设施（含建筑物）边线，填方渠道（管道）坡脚、挖方渠道（管道）渠顶以外 1 米区域为管理范围，管理范围以外 3 米区域为保护范围。渡槽的保护范围在其两侧按其高度的 50% 划定； 水利工程的具体管理范围由工程管理者按照前款规定提出，经有管辖权限的水行政主管部门和土地行政主管部门审核，报同级人民政府批准后，由水行政主管部门会同土地行政主管部门依法划定

涉及水生态廊道保护的相关行政法规和专业专项规划有：《城市蓝线管理办法》（中华人民共和国建设部令第 145 号）、《重庆市饮用水源保护区划分规定》（渝府发〔2002〕83 号）、《重庆市主城区集中式饮用水水源保护区划定方案的通知》（渝办〔2011〕92 号）、《重庆市河道管理范围内建设项目管理办法（修订）》《重庆主城区泄洪通道规划》《重庆市主城区城市防洪规划》等。具体要求见表 4-9 的规定。

水生态廊道保护相关标准规定一览表　　　　　　　　　表4-9

规范名称	相关规定内容
《城市蓝线管理办法》（中华人民共和国建设部令第 145 号）	①城市蓝线：指城市规划确定的江、河、湖、库、渠和湿地等城市地表水体保护和控制的地域界线； ②在城市蓝线内禁止进行下列活动：违反城市蓝线保护和控制要求的建设活动；擅自填埋、占用城市蓝线内水域；影响水系安全的爆破、采石、取土；擅自建设各类排污设施；其他对城市水系保护构成破坏的活动
《重庆市饮用水源保护区划分规定》（渝府发〔2002〕83 号）	地表水饮用水源保护区陆域划分：一、二级保护区的陆域保护区范围为相应水域保护区所对应的岸边地带中控制高程以下的区域； 控制高程为：重庆主城区以 50 年一遇洪水位为陆域边缘控制高程，区县城镇为 20 年一遇洪水位，其他江段陆域保护区为洪水期正常水位河道边缘起水平纵深不小于 30 米的范围
《重庆市主城区集中式饮用水水源保护区划定方案的通知》（渝办〔2011〕92 号）	大、小型河流水源一保护区的水域范围为取水口上游 1000 米至下游 100 米，陆域范围大型河流为 50 年一遇洪水线，小型河流为洪水期正常水位河道边缘水平纵深 30 米，长度与水域保护长度一致；二级保护区的水域范围，大型河流为取水口上游 1000~1500 米至下游 100~200 米，小型河流为取水口上游 1000~2000 米至下游 100~200 米；陆域宽度与一级保护区陆域宽度一致，长度与二级保护区水域长度一致。 水库水源的一级保护区，水域范围为以取水口为圆心的 1000 米半径以内的水域面积，陆域范围为取水口侧长度与一级保护区水域对应，大坝高程至正常水位所控陆域；二级保护区，水域范围为整个水库水面，陆域范围为正常水位线至大坝高程以上 30 米的陆域
《重庆市主城区泄洪通道规划》	①为确保重庆山水城市特点和河流行洪安全，主城区河流不允许封盖； ②具有明显河道特征的泄洪通道按主城区河道管理规划规定执行； ③主城区流域面积在 200~500 公顷的泄洪通道，在城市建设中可结合城市规划布局作适当调整，但不得随意改变水系特性和规划确定的泄洪能力，并经相关部门批准后方可调整； ④主城区流域面积在 50~3000 公顷的泄洪通道，在城市建设中不得随意调整，如特需调整的，应进行相关论证，并经相关部门批准后方可调整； ⑤具有调节、消减洪峰功能的水库，规划严格保留并进行保护，不得随意进行填埋，已建成区严格按控规进行管理，规划用地按水库边缘不小于 20 米进行防护控制； ⑥除满足泄洪通道规划确定的断面外，还应考虑为泄洪通道建设及城市安全、景观所必须预留的空间距离，河流在满足禁建区、限制使用区、控制使用区和可使用区行洪要求前提下按两侧不小于 20 米防护距离控制；自然溪河、明渠廊道均按两侧不小于 10 米防护距离控制

续表

规范名称	相关规定内容
《重庆市主城区城市防洪规划》	主城区内河流水系不允许封盖。确需改变水系或封盖流域面积小于2平方公里的小溪，须在充分论证后，确保不影响行洪和行漂的情况下，经水行政主管部门批准后，方可施工建设。 城市防洪标准为100年一遇，相对独立的乡镇和农村地区防洪标准可按20年一遇执行（北碚区城市防洪标准为50年一遇） 长江、嘉陵江防洪护岸工程防洪标准为50年一遇（北碚段为20年一遇）； 中、小河流防洪护岸工程防洪标准为50年一遇，相对独立的乡镇和农村地区防洪标准可按20年一遇执行

　　水体保护线与城市之间的绿化缓冲带具有稳固河堤、过滤污染物、提供野生动物迁徙通道和栖息地等作用。根据不同水体的等级和使用功能，提出主城区水体绿化缓冲带的控制标准。绿化缓冲带与城市开发地块之间应以城市道路或步行和自行车道分割，确保滨水岸线的公共性（图4-1、表4-10）。

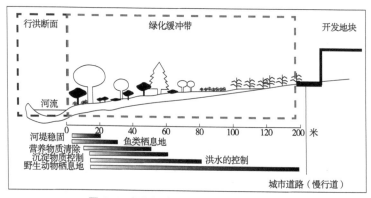

图4-1　绿化缓冲带与河流断面关系示意图

不同功能绿化缓冲带的控制宽度一览表　　　　　　表4-10

功能	控制宽度（米）	备注
稳固河堤	20	最低工程要求
过滤污染物	30~100	在较为陡峭的斜坡和土壤渗透能力较差地带，宽度应达到40米以上
生物迁徙和栖息	100以上	——

　　（3）绿系生态廊道规划要求

　　呈带状的自然保护区、风景名胜区、森林公园、林地都是绿系生态廊道的主要表现形式，应按照《中华人民共和国自然保护区条例》《风景名胜区规划规范》《国

家级森林公园总体规划规范》《森林公园管理条例》《全国林地保护利用规划纲要
（2010—2020年）》以及即将实施的国家自然保护地的有关管控要求进行严格的保护
和利用。

4.1.3.4 生态综合廊道的规划要求

一般来讲，山体、水系、绿系在尊重自然的基础上可综合利用，并与城镇休闲、
娱乐、文化保护等功能相协调。

生态综合廊道具有生物栖息地、生物迁移通道、防风固沙、隔离等功能。不同的
功能对应的廊道宽度不同，例如，防风林的宽度通常为几米到几十米不等，而绿带性
质的生态廊道却可达数百米甚至几十公里。在生态廊道的综合利用中，生物多样性保
护通常是考虑的重点。

生态基础设施综合廊道的宽度，随着物种、廊道结构、连接度、廊道所处基质
的不同而不同。对于鸟类而言，十米或数十米的宽度即可满足迁徙要求。但对于较大
型的哺乳动物而言，其正常迁徙所需要的廊道宽度则需要几公里甚至是几十公里。有
时即使对于同一物种，由于季节和环境的不同，其所需要的廊道宽度也有较大的差
别。当考虑所有物种的运动时，或者当对于目标物种的生物学属性知之甚少时，又或
者希望供动物迁移的廊道运行数十年之久时，合适的廊道宽度就应该用公里来衡量。
对于生物保护而言，确定廊道宽度的途径之一就是从河流系统中心线向河岸一侧或两
侧延伸，使得整个地形梯度和相应的植被都能够包括在内，这样的一个范围即廊道的
宽度。

对于河流廊道来说，应该包括河漫滩、两侧的堤岸和至少位于一侧的一定面积的
高地，而且这部分高地的宽度应大于边缘效应所影响的宽度。当由于开发建设等原因
不能建立足够宽或者具有足够内部多样性的廊道时，也可以建立一个由多个较窄的廊
道组成的网络系统。这个网络能提供多条迁移路径，从而减少突发性事件对单一廊道
的破坏。

因此，生态廊道综合利用要给出一个精确而又合乎所有条件的值是困难的。在缺
乏对场地的详细研究的情况下，只能结合场地实际情况并根据相似案例确定较适宜的
宽度值。应使生态廊道少受外部环境的不良影响，同时应该使内部生境尽可能地宽；
应根据可能使用生态廊道的最敏感物种的需求来设置合适的廊道宽度；应尽量将最高
质量的生境包括在生态廊道的边界内。对于较窄且缺少内部生境的廊道来说，应该
促进和维持植被的复杂性，以增加覆盖度及廊道的质量。除非廊道足够地宽（如超过
1公里），否则廊道应该每隔一段距离就有一个节点性的生境斑块。

4.1.4　不同功能综合廊道综合利用要求分析

4.1.4.1　生态与交通廊道的综合利用

生态与交通基础设施廊道的复合利用应结合廊道沿线土地利用状态，对廊道的等级和宽度进行控制，并从廊道的系统性、整体性和连续性三个层面对其进行优化，形成综合廊道。处理好交通廊道与生态廊道的基地条件和关系，合理选择区域交通综合廊道的依托线形。选择区域交通综合廊道依托的线形应注意以下问题。

（1）应避免选择穿越核心保护区的廊道作为依托

国家级和市级自然保护区、自然遗产地、风景名胜区的核心景区，以及饮用水源一级保护区应被视为区域交通综合廊道的设施避让区。区域交通综合廊道在选线时应避免选择穿越核心保护区的交通廊道线形，可以选择与生态廊道并行的交通廊道线形作为区域交通综合廊道进行控制，为其他廊道预留一定的发展空间。

（2）应避免严重破坏自然资源本底的廊道作为依托

应在识别自然基底和复合目标导向的前提下，保护原始地形，保护水文循环过程，保障区域水环境健康，防控自然灾害。结合对于生态廊道的识别，优化交通廊道选线，减少对生态斑块的分割。通过人与自然的协同作用，寻求人与自然的共同利益的最大化。区域性交通基础设施建设不得损害生态廊道的地下水系，应有利于对地下水系的保护，维护地下水系空间格局。若交通基础设施廊道无法避开地下水系，应进行环境影响评价论证，并采取相关工程或生态防护措施，对地下水系加以合理保护。

（3）区域交通综合廊道选线应确保生态廊道内地面水系的完整性

交通基础设施廊道与生态廊道并行时，应严格控制地面水系滨水区的交通设施安全防护距离，并充分考虑水系生态安全格局，进行合理规划管控，确保水系生态廊道的完整性。

滨水道路应有利于滨水空间的合理利用，保证滨水活动空间的共享性和可达性，满足防洪要求；滨水道路的走向不宜为追求道路等级而破坏滨水空间的原有格局。尽量不固化河岸，而应通过加强河流和道路之间的防护林建设，规划和控制通往水体的绿化、视线或空间通廊，恰当营造避免交通干扰的亲水空间，提升城乡景观的整体功能。

（4）交通综合廊道选线应注意保障生物迁移廊道的连续性

生态廊道内选择交通综合廊道，应根据区域规划，近、远期交通流向和流量的需要，生态、地形、水文、地质等条件，以及生态廊道保护相关要求，尽可能采取架空和隧道的方式，减少对生态廊道的破坏，切实保障生物迁移廊道的连续性。在生态廊道内进行桥梁和隧道建设，桥位、隧道位应避开地质灾害易发区、滩险、弯道、汇流口、河床纵坡由陡变缓、断面突然变化处，以保证生态安全。

4.1.4.2　公用与交通廊道的综合利用

鼓励公用基础设施廊道与交通基础廊道综合使用。

（1）电力廊道与交通廊道综合利用要求

鼓励电力基础设施廊道与交通基础廊道的综合使用，根据地形地貌、水文地质和用地条件，可采用平行敷设的方式，将高压电力走廊与铁路、公路并线，以此节约城乡用地。同时，高压电力塔杆外缘与路基外缘最小水平距离，应满足表4-11的要求。

高压电力塔杆外缘与路基外缘最小水平距离一览表　　　表4-11

线路电压等级（千伏）	高压电力塔杆外缘与路基外缘最小水平距离（米）
35	5
110	8
220	8
500	15
800	15 或经济技术论证确定
1000	经济技术论证确定

注：公路建筑控制区的范围，从公路用地外缘起向外的距离标准为：国道不少于20米，省道不少于15米，县道不少于10米，乡道不少于5米；属于高速公路的，公路建筑控制区的范围从公路用地外缘起向外的距离标准不少于30米。

（2）燃气廊道与交通廊道综合利用要求

在满足国家标准的前提下，若满足防火设计规范相关要求，燃气廊道可与交通廊道综合使用。可根据地形地貌、用地条件，将高压燃气走廊与铁路、公路并线，以此节约城乡用地。一般情况下，地下燃气管道与铁路路堤坡脚水平距离不得小于5米。根据《输油管道工程设计规范》（GB 50253-2014），输油管道距离高速公路和一、二级公路用地水平距离不宜小于10米。

（3）通信廊道与交通廊道综合利用要求

在满足国家标准的前提下，通信廊道可与交通廊道综合使用。可根据地形条件，将通信廊道与铁路、公路并线。一般情况下，区域性微波通道保护区按轴线不低于50米宽度控制，有明确要求时从其规定，具体参数应根据有关规范确定。

4.1.4.3　公用与生态廊道的综合利用

公用与生态廊道综合利用应注意以下几点。

（1）设置公用基础设施避让区，进行严格管控

国家级和市级自然保护区核心区及缓冲区、自然遗产地、风景名胜区核心景区、饮用水源一级保护区应被视为公用基础设施避让区，区域性公用基础设施及其廊道不应进入该区域。严禁区域性高压电力、燃气廊道进入该区域。

（2）设置公用基础设施协调区，进行合理保护

国家级和市级风景名胜区、饮用水源二级保护区、山体管制区以及一般水库、一般生态管控区视为公用基础设施协调区，公用基础设施廊道穿过该区域时应在尽量协调避让的情况下采取保护措施。

高压电力与燃气廊道，路径应短捷、顺直，同时应有利于土地的集约使用，减少同道路、铁路、河流以及其他架空线路的交叉跨越，避免跨越建筑物。此外，高压电力与燃气廊道还应符合防洪、抗震标准要求，应考虑对邻近的各种通信设施的干扰和影响。

（3）公用与生态基础设施廊道的综合利用

在公用基础设施廊道规划中，应促进公用与生态基础设施廊道的复合使用。在高压电力、燃气廊道在满足合理避让的基础上，可根据城镇地形、地貌特点和用地布局的要求，沿山体、滨河、绿地等生态基础设施廊道布设，从而节约用地，提高基础设施规划建设的经济和社会效益。

4.2　按等级划分的区域综合廊道规划技术

为了方便各级城市的空间规划中预留综合廊道空间，建议将区域综合廊道按照联系城镇的行政等级划分为国家级廊道、省（市）级廊道、区（县）级廊道和镇（乡）级廊道。作为一种规划的区域综合廊道空间，其作用主要是为不可预知的廊道空间需求创造可能性，不是一种现实的廊道空间，是需要通过空间管治预留预控的廊道空间，在复合利用上的重点是选线的要求和控制宽度的标准。本研究通过对项目组收集到的各级空间规划中的交通、输电、输气、生态等基础设施廊道规划进行分析和研究，尝试提出相关等级综合廊道的规划控制标准。

4.2.1　国家级区域综合廊道的规划技术

4.2.1.1　国家级区域综合廊道的选线要求

国家级综合廊道的选线主要依托现状和已规划的国家级交通、输电、输气、输水等重大基础设施廊道进行合理选择，原则上不脱离现有的高速铁路网、部分高速公路网、南水北调和西气东输等廊道进行综合廊道走向选择。依托现有或规划的国家级专

业廊道中心线为基准线进行控制。

国家级综合廊道的建构应与国家城镇体系空间格局相协调,主要以功能层级为主。其中的交通性廊道是构建多样化如文化、经济发展走廊的重要依托。其廊道的控制宽度首先以其功能性需求的满足为首要条件,按其专业类别对应控制。

在国家级区域综合廊道规划未发布前,建议依托我国城乡规划的纲领性文件《全国城镇体系规划(2006—2020年)》。该规划是国家推进新型城镇化发展的综合空间规划平台,要求以能源战略、资源保护、运输安全为原则,建立全国综合交通枢纽体系。加快国家铁路网建设,完善国家高速公路网,注重发展水路运输,增加水运的比重,建立布局合理的民航机场体系,逐步构建多种运输方式协调发展的综合运输体系。① 鉴于该规划的特殊作用和地位,考虑以各中心城市为节点,依托全国综合交通枢纽体系和国家主要发展走廊(图4-2),作为国家级区域综合廊道的建构基础,强化国家级综合廊道与沿线城镇在产业发展和空间布局上的联系,组织和带动区域经济发展,落实国家区域发展政策。

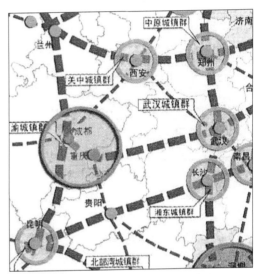

图4-2 中西部主要发展走廊示意图
(资料来源:《全国城镇体系规划(2006—2020年)》)

此外,建议将国家级区域综合廊道专项规划纳入正在开展的《全国国土空间规划》或跨区域城镇群国土空间规划的内容中,作为对接各个层级的国土空间规划的顶层基础性规划,将区域综合廊道空间规划作为各层级空间规划的一个重要专项规划内容,层层落实,保障空间,进行规划引导和控制利用,依据实际情况,合理化地布局利用,以推动实现国土空间的可持续发展。

国家级综合廊道的选线应遵循以下原则。

①均衡性原则。廊的选择兼顾廊道服务范围的均衡,避免奇大奇小的服务区域出现。相互间应满足一定的距离。

②区域空间协调性原则。国家级综合廊道的选线和配套的大型基础设施对区域城乡空间的宏观格局与城市间功能作用体系的发展变化有直接的影响,甚至"一个地区

---

① 住房和城乡建设部城乡规划司,中国城市规划设计研究院. 全国城镇体系规划(2006—2020年)[M]. 商务印书馆,2010.

或城市在国家交通体系中的地位将决定这一地区的发展前景"。[①] 因此，应遵循区域空间协调性原则。

③生态保护原则。国家级综合廊道的选择应避免穿越国家公园等生态保护红线范围内的核心保护区，避免破坏生态保护红线范围内的生物多样性和生物廊道的连续性。

4.2.1.2 国家级区域综合廊道控制宽度分析

省（市）级基础设施廊道包括：高速铁路、高速公路、特高压电力线，国家级的高压输气、输油、输水管线。

根据对上述相关省（市）级基础设施廊道的研究分析，省（市）级区域综合廊道规划管控的空间内可组合的廊道类型有多种方式。

（1）国家级区域交通综合廊道控制标准组合分析

国家级交通综合廊道组合可以高铁、高速公路为主要通道形成复合廊道。全线并行复合主要针对高速铁路、高速公路之间的并行。在对外联系主方向一致的基础上，在满足国家标准的前提下，鼓励廊道之间并行复合使用，参见表4-12。

国家级区域交通综合廊道组合分析表　　　　表4-12

廊道类型	廊道组合方式	防护空间并行关系下廊道宽度（米）	防护空间共享关系下廊道宽度（米）
交通	高铁+高速	110+80-20=170 110+160-50=220	170-50=120 220-50=170
	高铁+高速+城际铁路+高铁站	110+80+50+600-20-20-15=785 110+160+50+600-50-20-15=835 高铁站占地（600米×1000米=60公顷）	185+600-50-20-20=695 135+600-50-30-20=735 高铁站占地（600米×1000米=60公顷）

（2）国家级公用综合廊道控制标准组合分析

1）电力廊道的空间内可组合的廊道类型参见表4-13的要求。

国家级区域电力综合廊道组合分析表　　　　表4-13

廊道类型	廊道组合方式	防护空间并行关系下廊道宽度（米）	防护空间共享关系下廊道宽度（米）
电力	1000千伏+1000千伏	100+100=200	100+100-20=180
	1000千伏+1000千伏+1000千伏变电站	100+250+100=450	100+250+100-20=430

---

① 段进. 国家大型基础设施建设与城市空间发展应对——以高铁与城际综合交通枢纽为例 [J]. 城市规划学刊，2009（1）：33-37.

2）国家级输油、输油廊道的空间内可组合的廊道类型参见表4-14。

国家级油气综合廊道组合分析表 表4-14

廊道类型	廊道组合方式	防护空间并行关系下廊道宽度（米）	防护空间共享关系下廊道宽度（米）
输油＋输气	国家级高压输气管道＋国家级输油管道	70+70=140	70+70-50=90
	国家级高压输气管道＋国家级输油管道＋天然气场站	70+70+250=390 天然气场站占地（最大250米×400米=10公顷）	70+70+250-50=340 天然气场站占地（最大250米×400米=10公顷）

3）国家级综合廊道控制标准组合分析

国家级交通和公用设施空间内可组合的廊道类型参见表4-15。

国家级综合廊道组合分析表 表4-15

廊道类型	廊道组合方式	防护空间并行关系下廊道宽度（米）	防护空间共享关系下廊道宽度（米）
交通＋电力	廊道组合方式（国家级）：高铁＋高铁站＋高速+1000千伏+1000千伏变电站	300~600（不包括场站）	300~500（不包括场站）
交通＋燃气＋输油	廊道组合方式（国家级）：高铁＋高铁站＋高速＋高压输气管道＋输油管道	300~600（不包括场站）	300~500（不包括场站）
交通＋电力＋燃气＋输油	廊道组合方式（国家级）：高铁＋高铁站＋高速（2条）+1000千伏+1000千伏变电站	1000~1600（包括场站）600~1000（不包括场站）	1000~1500（包括场站）600~800（不包括场站）

（3）宽度控制标准建议

基于以上分析，国家级综合廊道具体宽度控制建议综合考虑经济发展方向和主要流通方向。国家级综合廊道规划控制宽度见表4-16。

国家级综合廊控制宽度指标表建议表 表4-16

类型	综合廊道宽度（米）
综合廊道宽度	800~1100

一般情况下，电力与交通、燃气与交通基础设施廊道，可以组合布局。电力与燃气组合布局，涉及城镇安全，规划应尽可能采用相离并行关系进行布局，并满足城镇安全需要。

4.2.2　省（市）级区域综合廊道的规划技术分析

省（市）级区域综合廊道规划应以现有依托廊道的中心线为基准进行控制。主要对交通、输电、输气、输水等重大基础设施廊道进行合理控制。本研究通过对重庆市交通、输电、输气等市级基础设施廊道规划进行研究探索，提出相关控制标准。

4.2.2.1　省（市）级区域综合廊道的选线要求

省（市）级区域综合廊道主要用于涉及省（市）域或跨区、县的国土空间规划。规划省（市）级区域综合廊道应沿城市主要对外联系方向，同时考虑城市主要经济流向和基础设施供给的未来可能发展方向，进行规划廊道选线应尽可能利用现状高速铁路或高速公路进行规划选线。规划市级区域综合廊道内不得布局与基础设施廊道建设无关的设施。

4.2.2.2　省（市）级区域综合廊道控制宽度分析

（1）案例分析

省（市）级基础设施廊道包括：高速铁路、普通铁路、高速公路、特高压电力线、500千伏电力线路，及服务城市、沟通区域的高压输气管线。

本研究主要针对重庆市和广东省的区域基础设施廊道进行深入分析。

1）案例一——重庆市

根据《重庆市一小时圈规划（2015—2040年）》《重庆市重大基础设施整合专项规划》成果，重庆市域境内规划的交通、电力、燃气基础设施廊道方向主要有：以重庆主城区为中心，西北方向通向四川广安、武胜，西向通向四川成都，西南方向通向四川泸州，南向通向贵州遵义，东南方向通向湖南湘西，东向通往湖北利川，东北方向通往湖北恩施，北向通往四川巴中（图4-3~图4-5）。具体如下。

西北方向：高速公路3条，500千伏高压电力廊道1条，高压燃气输气廊道1条。

西向：高速公路3条，500千伏高压电力廊道1条，高压燃气输气廊道1条。

西南方向：高速公路3条，500千伏高压电力廊道1条，高压燃气输气廊道1条。

南向：高速公路3条，500千伏高压电力廊道1条，高压燃气输气廊道1条。

东南方向：高速公路3条，500千伏高压电力廊道2条，高压燃气输气廊道1条。

东向：高速公路3条，500千伏高压电力廊道1条。

东北：高速公路2条，500千伏高压电力廊道1条，高压燃气输气廊道1条。

北向：高速公路2条，500千伏高压电力廊道1条，高压燃气输气廊道1条。

按照相关专业廊道控制的标准，省（市）级区域基础设施廊道各自独立占用廊道空间总宽度约为5.0千米。如果按照8个方向测算，平均宽度为0.62千米，如果按照

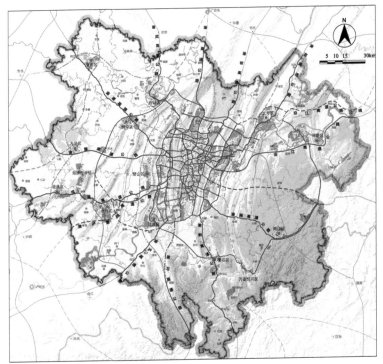

图 4-3　重庆市一小时圈交通基础设施规划示意图

（资料来源：《重庆市一小时圈规划（2015—2020 年）》）

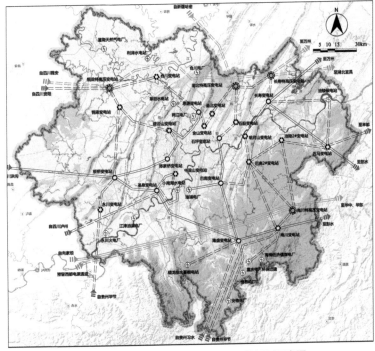

图 4-4　重庆市一小时圈电力基础设施规划示意图

（资料来源：《重庆市一小时圈规划（2015—2020 年）》）

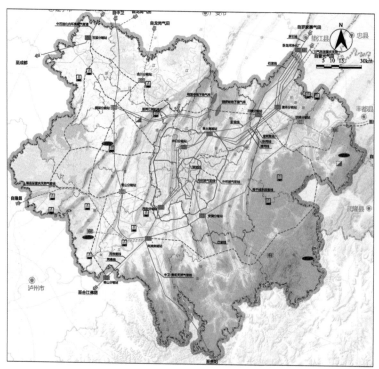

图 4-5　重庆市一小时圈燃气基础设施规划图
（资料来源：《重庆市一小时圈规划（2015—2020 年）》）

6 个方向测算，平均宽度为 0.83 千米。

根据《重庆市重大基础设施整合专项规划》和《重庆市大都市区规划（2015—2020 年）》，重庆市域交通、电力、燃气区域基础设施规划及廊道控制宽度参见表 4-17。

以重庆市中心区为核心发散的省（市）级基础设施
廊道总宽度分析表　　　　　　　　　　　　　　　　　　　　　表4-17

专业类别	廊道类型	廊道数量	走向描述	并行关系下总宽度分析
交通	普通铁路	12	建设 12 条射线市郊铁路：主城区—合川、主城区—铜梁、主城区—江津、主城区—江津、主城区—永川—荣昌、主城区—大足、主城区—璧山—铜梁—潼南、主城区—合川、主城区—涪陵、主城区—綦江—万盛、主城区—长寿、主城区—南川	600

专业类别	廊道类型	廊道数量	走向描述	并行关系下总宽度分析
交通	高速公路	21	四川方向12条：主城区—邻水—达州、主城区—广安—西安、主城区—合川—南充、主城区—潼南—资阳、主城区—潼南—南充、主城区—遂宁—成都、主城区—大足—成都、主城区—大足—内江、主城区—永川—荣昌—自贡、主城区—荣昌—泸州、主城区—泸州、主城区—江津—宜宾； 贵州方向4条：主城区—习水—贵阳、主城区—綦江—遵义—贵阳、主城区—万盛—正安—德江、主城区—南川—道真—贵阳； 渝东北方向3条：主城区—长寿—垫江—万州、主城区—长寿—丰都—忠县—万州、主城区—涪陵—丰都—万州； 渝东南方向2条：主城区—武隆—黔江、主城区—涪陵—石柱—黔江	3360
电力	500千伏	8	主城区—四川资阳、主城区—新疆哈密、主城区—贵州习水、主城区—重庆万州、主城区—重庆彭水、主城区—贵州毕节、主城区—四川洪沟、主城区—四川泸州	600
燃气	高压输气管道	7	主城区—四川成都、主城区—川东气矿、主城区—川东龙岗气田、主城区—川东龙家寨气田、主城区—贵州贵阳、主城区—四川合江、主城区—四川隆昌	490
合计	—	48	—	5050

2）案例二——广东省

根据《广东省城镇体系规划（2014—2020年）》成果，广东省域规划中以广州市为中心的交通、电力、燃气基础设施廊道方向主要有：西北方向通向大西南，西向通向北部湾，东方向通向东南沿海，东北向通往华东地区，北向通往华中地区（图4-6）。具体如下。

西北：高速公路4条，500千伏高压电力廊道1条，高压燃气输气廊道1条。

西向：高速公路4条，500千伏高压电力廊道1条，高压燃气输气廊道1条。

东向：高速公路4条，500千伏高压电力廊道1条，高压燃气输气廊道1条。

东北：高速公路4条，500千伏高压电力廊道1条，高压燃气输气廊道1条。

北向：高速公路5条，500千伏高压电力廊道4条，高压燃气输气廊道3条。

按照相关专业独立控制廊道的标准，区域基础设施各自独立占用廊道空间总宽度约为5.41千米。如果按照8个方向测算，平均宽度为0.67千米；如果按照6个方向测算，平均宽度为0.9千米。

广州市交通、电力、燃气区域基础设施规划及廊道控制宽度分析参见表4-18。

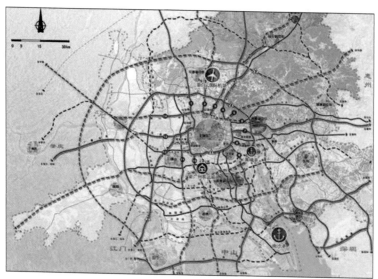

图 4-6　以广州为中心的综合交通规划示意图

（资料来源：《广佛同城化城市规划（2014—2020 年）》）

以广州市为核心发散的省（市）级基础设施廊道总宽度分析表　　表4-18

专业类别	廊道类型	廊道数量	廊道走向	并行关系下廊道总宽度分析
交通	普通铁路	16	北向 4 条、东北 3 条、西北 3 条、东向 3 条、西向 3 条	800
	高速公路	22	北向 6 条、东北 4 条、西北 4 条、东向 4 条、西向 4 条	3520
	500 千伏	8	北向 4 条、东北 1 条、西北 1 条、东向 1 条、西向 1 条	600
燃气	省级高压输气管道	7	北向 3 条、东北 1 条、西北 1 条、东向 1 条、西向 1 条	490
合计	—	50	—	5410

（2）省市级区域综合廊道宽度的组合分析

根据以上相关省（市）级基础设施廊道的研究分析结论，省（市）级区域综合廊道规划管控的空间内可组合的廊道类型有多种方式。

1）省（市）级交通综合廊道组合分析

省（市）级区域基础设施交通廊道组合有以下方式：以高铁、高速公路为主要通道形成复合廊道。全线并行复合主要针对高速铁路、普速铁路、城际铁路和高速公路之间的并行。在对外联系主方向一致的基础上，在满足国家标准的前提下，鼓励廊道之间并行复合使用，具体建议宽度参见表4-19。

省（市）级区域综合廊道组合分析表 表4-19

廊道类型	廊道组合方式	防护空间并行关系下廊道宽度（米）	防护空间共享关系下廊道宽度（米）
交通	高速 + 普铁	80+50−20=110 160+50−20=190	110−20=90 190−30=160
	高速 + 城际铁路	80+40−15=105 160+40−15=185	105−20=85 185−25=160
	高速 + 普铁 + 城际铁路	80+50+40−20−15=135 160+50+40−20−15=215	135−20−10=105 215−30−20=165
	高铁 + 高速 + 普铁 + 城际铁路	110+80+50+40−20−20−15=225 110+160+50+40−50−20−15=275	225−50−20−20=135 275−50−30−20=175
	高铁 + 高速 + 普铁 + 城际铁路 + 高铁站	110+80+50+40+600−20−20−15=825 110+160+50+40+600−50−20−15=875 高铁站占地 （600米×1000米=60公顷）	225+600−50−20−20=735 275+600−50−30−20=775 高铁站占地 （600米×1000米=60公顷）

2）省（市）级公用综合廊道控制标准组合分析

省（市）级区域基础设施电力廊道组合类型与控制宽度参见表4-20 省（市）级区域综合廊道组合分析表。

省（市）级区域综合廊道组合分析表 表4-20

廊道类型	廊道组合方式	防护空间并行关系下廊道宽度（米）	防护空间共享关系下廊道宽度（米）
电力	500千伏 +500千伏电力线	75+75=150	75+75−10=140
	500千伏 +220千伏电力线	75+40=115	75+40−10=105
	500千伏电力线 +500千伏电力线 +500千伏变电站	75+100+75=250 500千伏变电站占地 （100米×400米=4公顷）	75+100+75−20=230 1000千伏变电站占地 （250米×400米=10公顷）

省（市）级区域燃气、输油廊道的空间内可组合的廊道类型与控制宽度参见表4-21 省（市）级区域综合廊道组合分析表。

省（市）级区域综合廊道组合分析表 表4-21

廊道类型	廊道组合方式	防护空间并行关系下廊道宽度（米）	防护空间共享关系下廊道宽度（米）
油气	省（市）级高压输气管道 + 输油管道	70+70 =140	70+70−50 =90
	省（市）级高压输气管道 + 输油管道 + 天然气场站	70+70+250 =390 天然气场站占地 （最大250米×400米=10公顷）	70+70+250−50 =340 天然气场站占地 （最大250米×400米=10公顷）

3）省（市）级区域综合廊道控制标准组合分析

省（市）级区域综合廊道的空间内可组合的廊道类型与控制宽度参见表4-22 省（市）级区域综合廊道组合分析表。

省（市）级区域综合廊道组合分析表 表4-22

廊道类型	廊道组合方式	防护空间并行关系下廊道宽度（米）	防护空间共享关系下廊道宽度（米）
交通＋电力	廊道组合方式（省（市）级，最大）：高速＋普铁＋省道＋1000千伏＋500千伏电力线	300~500（不包括场站）	200~400（不包括场站）
交通＋油气	廊道组合方式（省（市）级，最大）：高速＋普铁＋省道＋区（县）级高压输气、输油管道	300~500（不包括场站）	200~400（不包括场站）
交通＋电力＋油气	廊道组合方式（省（市）级，最大）：高速＋普铁＋省道＋1000千伏＋500千伏＋省(市)级＋区(县)级高压输气管道（最大）	600~900（不包括场站）	500~800（不包括场站）

（3）宽度控制标准建议

基于以上分析，具体宽度控制建议综合考虑经济发展方向和主要流通方向现有廊道情况。省（市）级区域综合廊道规划控制建议宽度见表4-23。

省（市）级区域综合廊控制宽度指标表建议表 表4-23

类型	次综合廊道（米）	主综合廊道（米）
省（市）级区域综合廊道宽度	500~600	700~850

4.2.3 区（县）级综合廊道的规划技术

4.2.3.1 区（县）级综合廊道的选线要求

规划应沿区（县）中心城区主要对外联系方向上的规划或现状普通铁路或高等级公路进行规划选线。应充分利用区（县）域内已有的省（市）级区域综合廊道的走廊方向，可规划新增区（县）级综合廊道与市级综合廊道进行对接。区（县）级区域基础设施主综合廊道建议不多于2个方向。廊道总数不得超过4个方向。规划区（县）级区域综合廊道内不得布局与基础设施廊道建设无关的设施。

4.2.3.2　区（县）级区域综合廊道控制宽度分析

（1）区（县）级综合廊道的案例分析

对重庆市相关区（合川区、梁平区）的区（县）级区域综合廊道规划进行分析。区（县）级区域综合廊道可以包括高速公路[①]、普通铁路、省县道、220~500千伏电力线路，及服务城镇、沟通区县的高压输气管线。

1）案例一——重庆市合川区

根据《合川区区域基础设施专项规划》成果，区域境内规划的交通、电力、燃气基础设施廊道方向主要有：以中心城区为中心，西向通向潼南，南向通向璧山，东南方向通向北碚，东向通往渝北，北向通往四川省（图4-7~图4-9）。具体如下。

西北方向：高速公路1条，高压燃气输气廊道1条。

西向：高速铁路1条，高速公路1条，特高压电力廊道1条，500千伏高压电力廊道1条，高压燃气输气廊道1条。

西南方向：500千伏高压电力廊道1条，高压燃气输气廊道1条。

南向：高压燃气输气廊道1条。

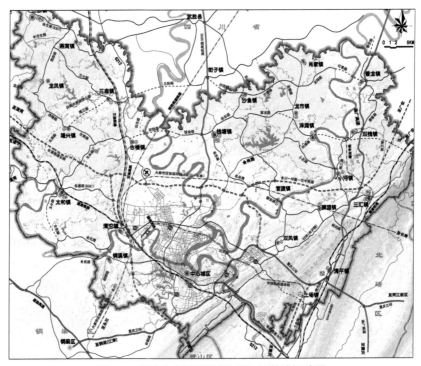

图4-7　重庆市合川区区域性交通廊道规划示意图
（资料来源：《重庆市合川区城乡总体规划（2015—2030年）》）

---

① 这里指的是未被选为上级综合廊道的高速公路。

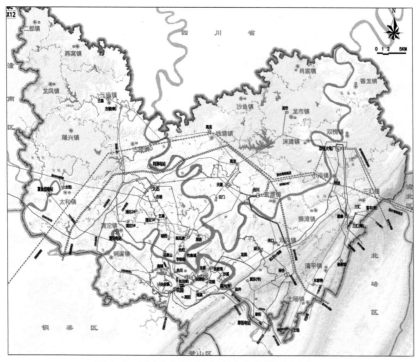

图 4-8　重庆市合川区区域性电力廊道规划示意图

（资料来源：《重庆市合川区城乡总体规划（2015—2030 年）》）

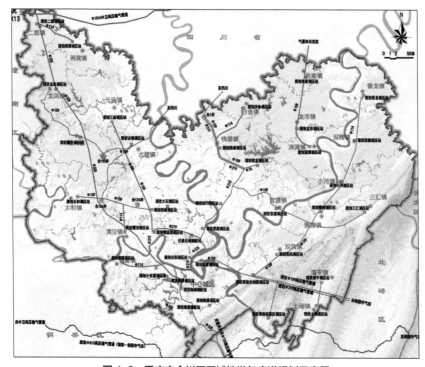

图 4-9　重庆市合川区区域性燃气廊道规划示意图

（资料来源：《重庆市合川区城乡总体规划（2015—2030 年）》）

东向：高速铁路1条，高速公路1条，特高压电力廊道1条，500千伏高压电力廊道1条，高压燃气输气廊道1条。

北向：高压燃气输气廊道2条。

按照相关专业独立控制廊道的标准，合川区区（县）级基础设施独立占用廊道空间宽度约为3千米；如果按6个方向测算，平均宽度约为0.5千米（表4-24）。

合川区区（县）级区域基础设施廊道汇总分析表　　　　表4-24

专业类别	廊道类型	廊道数量	规划廊道具体情况	并行廊道总宽度分析（米）
交通	高速铁路	1条	遂渝高速铁路	110
	铁路	4条	"三干线"：襄渝铁路、遂渝铁路、兰渝铁路、铁路二环线；"一支线"：双槐火电厂运煤支线	200
	高速公路	10条	"一环"：合川绕城环线高速公路；"七射"：渝武高速、合潼高速、重庆三环、合璧津高速、渝武高速、合川—三汇联络线；"两联"：渝广高速、北清高速	800
	国省级道路	6条	分别为至主城区（或长寿）方向、至璧山方向、至铜梁方向、至潼南方向、至南充方向、至广安方向；其中至主城区、至南充、至广安方向为三大主通道，其余为辅助通道	300
	区（县）级道路	12条	"六横六纵"区（县）级公路网："六横"：二郎—武胜线、龙（凤）香（龙）线、隆（兴）三（汇）线、太（和）狮（滩）线、渭（沱）土（场）线、S416合安路；"六纵"：燕渭线、G212线、沙鱼—草街线、S207合武公路、S208合泸路、G244渝华路	480
电力	500千伏	2条	铜梁—合川、合川—渝北	150
	220千伏	12条	三横三纵一环五射	360
燃气	高压输气管道	10条	一纵一横：重庆相国寺气田至合川高压输气管道、重庆720高压输气管道四横四纵支线	600
合计	—	57条		3000

2）案例二——重庆市梁平区

根据《梁平区城乡总体规划规划》成果，区域境内规划的交通、电力、燃气基础设施廊道方向主要有：以中心城区为中心，西向、北向通向四川省，南向通向垫江，东南方向通向石柱，东向通往万州（图4-10、图4-11）。具体如下。

西向：500千伏高压电力廊道2条，高压燃气输气廊道3条。

南向：高速铁路1条，高速公路1条，高压燃气输气廊道3条。

东向：500千伏高压电力廊道1条，高压燃气输气廊道3条。

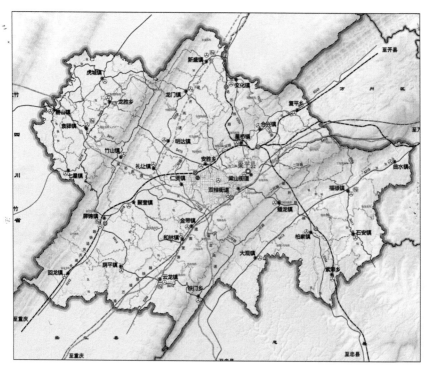

图 4-10　重庆市梁平区交通廊道规划图

（资料来源：《重庆市梁平区城乡总体规划（2014—2025 年）》）

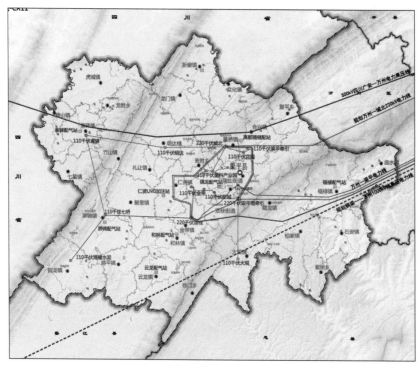

图 4-11　重庆市梁平区电力燃气廊道规划图

（资料来源：《重庆市梁平区城乡总体规划（2014—2025 年）》）

北向：高速铁路 1 条，高速公路 2 条，高压燃气输气廊道 2 条。

按照相关专业独立控制廊道的标准，梁平区区（县）级基础设施独立占用廊道空间总宽度约为 1.97 千米；8 个方向测算平均宽度约 0.25 千米，按 6 个方向测算的平均宽度约为 0.33 千米（表 4–25）。

梁平区省（市）级区域基础设施廊道分析表　　　　　　　表4–25

专业类别	廊道类型	廊道数量	规划廊道情况	廊道总宽度分析（米）
交通	高速铁路	1 条	渝万城际铁路	110
	铁路	3 条	"三干线"：保留现状达万铁路，预控梁黔铁路通道，预控长寿—垫江—梁平—开州区货运铁路	150
	高速公路	3 条	构建"两横一纵"高速公路系统，快速联系万州、忠县、垫江、达州和大竹等周边城市和地区	240
	国省干线	8 条	"两国道六省道"："两国道"指国道 318 线和国道 243 线；"六省道"指省道 204、省道 206、省道 410、省道 411、省道 413 和省道 414	350
	区（县）级等级公路	10 条	规划梁平区等级公路格局为"两环七射多联"	400
电力	220 千伏	6 条	一环五射	180
燃气	高压输气管道	9 条	四横五纵	540
合计	—	40 条	—	1970

（2）区（县）级综合廊道的组合分析

区（县）级区域综合廊道规划管控的空间内可组合的廊道类型和控制宽度参见表 4–26 区（县）级区域基础设施廊道组合分析表。

区（县）级区域基础设施廊道组合分析表　　　　　　　表4–26

类型	单侧控制标准（米）	标准依据	建议控制数量（回数）	防护空间并行关系下廊道宽度（米）	防护空间共享关系下廊道宽度（米）
国道、省道、县道	12~80	《城市对外交通规划规范》（GB 50925–2013）	1~2	12~100	12~80
高压输电线路（220 千伏）	30~40	《城市电力规划规范》（GB/T 50293–2014）	1~2	25~100	25~80
铁路	50	《铁路线路设计规范》（TB 10098–2017）	1	50	50
输气管线（高压）	35~60	《输气管道工程设计规范》（GB 50251–2015）	1~2	35~140	35~120
合计	—	—	—	250~550	200~500

（3）宽度控制标准建议

综合考虑上述分析结果，区（县）级区域综合廊道规划应以现有廊道的中心线为基准进行控制，控制宽度应按表4-27的规定。

区（县）级区域综合廊道控制宽度建议表　　　　表4-27

类型	次综合廊道（米）	主综合廊道（米）
区（县）区域综合廊道宽度	200~250	350~450

4.2.4　镇（乡）级区域综合廊道的规划技术

4.2.4.1　镇（乡）级区域综合廊道的选线要求

规划应沿镇（乡）镇区主要对外联系方向上的已有规划或现状普通铁路或高等级公路、高等级电力线进行选线。镇（乡）域内已有区（县）级区域综合廊道的走廊方向，应加以充分利用，原则上不再新增镇（乡）级综合廊道，可以规划区（县）级廊道的联系廊道，通过镇（乡）域廊道空间的系统性。镇（乡）级主综合廊道不得多于2个方向布局。廊道总数不宜超过4个方向。规划镇（乡）级区域综合廊道内不得布局与基础设施廊道建设无关的设施。

4.2.4.2　镇（乡）级区域综合廊道控制宽度分析

（1）镇（乡）级区域综合廊道的案例分析

镇（乡）级区域综合廊道规划应以现有依托廊道的中心线为基准进行控制。主要对交通、输电、输气等重大基础设施廊道进行合理控制。本研究对重庆市相关镇（乡）的镇（乡）级区域综合廊道规划进行案例分析。

1）案例一：重庆市綦江区安稳镇

安稳镇北向主要有四条交通廊道，分别为渝黔高铁单条廊道宽度110米、渝黔高速单条廊道宽度80~160米、渝黔高速扩能规划线路单条廊道宽度80~160米、210国道单条廊道宽度50~110米；三条公用基础设施廊道，即安稳电厂二期接隆盛500千伏电力线单条廊道宽度60~75米、安稳电厂接渝黔站220千伏电力线单条廊道宽度30~40米、新建沙堡牵引变电站接渝黔站220千伏电力线单条廊道宽度为30~40米。东向有一条公用基础设施廊道即罗家坝电厂接赶水镇35千伏电力线单条廊道宽度15~20米。南向主要有四条交通廊道，分别为渝黔高铁单条廊道宽度110米、渝黔高速单条廊道宽度80~160米、渝黔高速扩能规划线路单条廊道宽度80~160米、210国道单条廊道宽度50~110米。西向有一条公用基础设施廊道即小鱼沱变电站接九盘变电站35千伏电力线单条廊道宽度15~20米（图4-12、图4-13）。

　　按照有关专业独立控制廊道的标准，北向廊道需占用廊道空间的宽度，在防护空间并行关系下为400~595米，防护空间共享关系下为350~545米；东向廊道需占用廊道空间的宽度为15~20米；南向廊道需占用廊道空间的宽度，在防护空间并行关系下为280~440米，防护空间共享关系下为230~390米；西向廊道需占用廊道空间的宽度为15~20米（表4-28）。

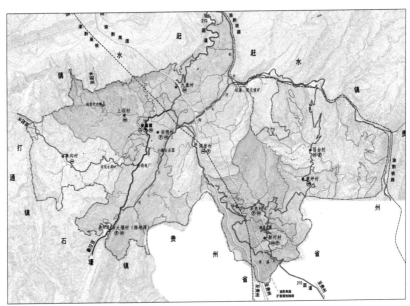

图4-12　重庆市綦江区安稳镇域综合交通规划示意图
（资料来源：《重庆市綦江区安稳镇总体规划（2015—2020年）》）

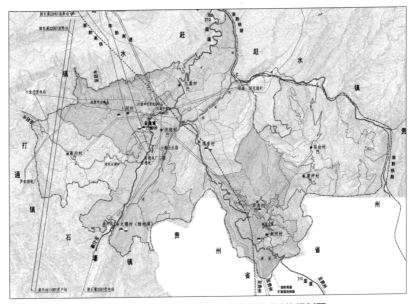

图4-13　重庆市綦江区安稳镇镇域基础设施规划图
（资料来源：《重庆市綦江区安稳镇总体规划（2015—2020年）》）

镇乡级区域基础设施廊道分析表（以安稳镇规划为例）　　表4-28

专业类别	廊道类型	廊道数量	规划廊道具体情况	并行廊道总宽度分析（米）
交通	铁路（南北向）	1条	渝黔高铁	110
	高速公路（南北向）	2条	渝黔高速、渝黔高速扩能规划线路	160~320
	国道（南北向）	1条	210国道	50~110
电力	500千伏（南北向）	1条	安稳电厂二期接隆盛500千伏电力线	60~75
	220千伏（南北向）	2条	安稳电厂接渝黔站220千伏电力线、新建沙堡牵引变电站接渝黔站220千伏电力线	60~80
	35千伏（东西向）	2条	小鱼沱变电站接九盘变电站35千伏电力线、罗家坝电厂接赶水镇	30~40
合计	—	—	—	470~735

2）案例二：重庆市綦江区石角镇

石角镇北向有一条交通设施廊道，即县道三角—白云观—石角镇区—刘罗坪公路单条廊道宽度20~44米；公用基础设施廊道即双坝站接隆盛站220千伏电力线单条廊道宽度为30~40米。东向有三条交通廊道，分别为巴南—綦江—万盛轨道交通单条廊道宽度110米、重庆一小时经济圈铁路三万南段单条廊道宽度110米、303省道单条廊道宽度40~80米；四条公用基础设施廊道，即接三江站110千伏电力线单条廊道宽度15~25米、镇区接蒲河社区35千伏电力线单条廊道宽度15~20米及接万东门站、接大凤桠门站天然气长气管线单条廊道宽度60米。南向一条交通设施廊道，即县道石角镇区—显灵—青年镇公路单条廊道宽度20~44米；一条公用基础设施廊道，即双坝站接隆盛站220千伏电力线单条廊道宽度30~40米。西向有三条交通廊道，分别为巴南—綦江—万盛轨道交通单条廊道宽度110米、重庆一小时经济圈铁路三万南段单条廊道宽度110米、303省道单条廊道宽度40~80米；三条公用基础设施廊道，即接三江站110千伏电力线单条廊道宽度15~25米及接万东门站、接大凤桠门站天然气长气管线单条廊道宽度60米（图4-14、图4-15）。

按照有关专业独立控制廊道的标准，北向廊道需占用廊道空间的宽度为50~84米；东向廊道需占用廊道空间的宽度，在防护空间并行关系下为410~465米，防护空间共享关系下为360~415米；南向廊道需占用廊道空间的宽度，在防护空间并行关系下为50~84米，防护空间共享关系下45~74米；西向廊道需占用廊道空间的宽度，在防护空间并行关系下为395~445米，防护空间共享关系下为345~395米（表4-29）。

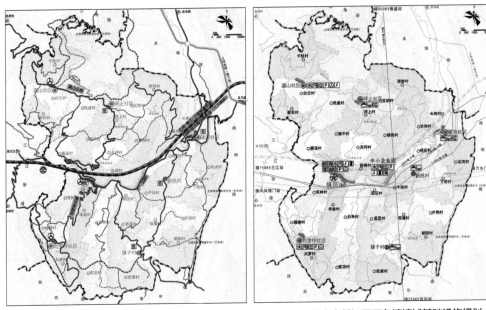

图 4-14　重庆市綦江区石角镇镇域道路交通规划图　　图 4-15　重庆市綦江区石角镇镇域基础设施规划
（资料来源：《重庆市綦江区石角镇总体规划（2014—2020 年）》）　（资料来源：《重庆市綦江区石角镇总体规划（2014—2020 年）》）

重庆市镇乡级区域基础设施廊道分析表（以石角镇规划为例）　　表4-29

专业类别	廊道类型	廊道数量	规划廊道具体情况	并行廊道总宽度分析（米）
交通	铁路（东西向）	2 条	巴南—綦江—万盛轨道交通、重庆一小时经济圈铁路三万南段	220
	省道（东西向）	1 条	303 省道	40~80
	县道（南北向）	2 条	三角—白云观—石角镇区—刘罗坪公路、石角镇区—显灵—青年镇公路	40~88
电力	220 千伏（南北向）	1 条	双坝站接隆盛站 220 千伏电力线	30~40
	110 千伏（东西向）	1 条	接三江站 110 千伏电力线	15~25
	35 千伏（东西向）	1 条	镇区接蒲河社区	15~20
燃气	天然气长气管线（东西向）	2 条	接万东门站、接大凤桠门站	120
合计	—	—	—	480~593

（2）镇（乡）级区域综合廊道组合分析

镇（乡）级区域综合廊道规划管控的空间内可组合的廊道类型参见表4-30镇（乡）级区域基础设施廊道组合分析表。

		镇（乡）级区域基础设施廊道组合分析表				表4–30
类型	单侧控制标准（米）	标准依据	建议控制数量	防护空间并行关系下廊道宽度（米）	防护空间共享关系下廊道宽度（米）
县道、乡道	43~50	《城市对外交通规划规范》（GB 50925–2013）	1	43~50	38~40
高压输电线路（110千伏）	15~25	《城市电力规划规范》（GB 50293–2014）	1	15~25	15~20
铁路	50~110	《城市对外交通规划规范》（GB 50925–2013）	1	50~110	50~90
输气管线（高压）	35~60	《输气管道工程设计规范》（GB 50251–2015）	1~2	35~140	35~120
合计	—	—	—	143~325	100~200

（3）宽度控制标准建议

镇（乡）级区域综合廊道规划应以现有廊道的中心线为基准进行控制，控制宽度建议按表4–31执行。

	镇（乡）级区域综合廊控制宽度建议表	表4–31
类型	次综合廊道（米）	主综合廊道（米）
镇（乡）级区域综合廊道宽度	80~100	150~180

4.2.5 区域综合廊道控制宽度影响因素分析

4.2.5.1 城镇的长远发展愿景、方向和诉求

区域综合廊道空间控制的理念是基于城镇的长远发展，不是一定期限内的空间安排，不是计划产物。对城镇发展目标的长远考虑的重点是城镇在区域环境中的发展定位，城镇的主要空间拓展方向、主要经济流向等都是综合廊道规划影响因素，其城镇发展地位的变化意味着区域廊道空间预留等级和标准的调整。

4.2.5.2 对区域可利用空间的完整性的考虑

通过对各级区域综合廊道空间的合理安排，在城镇发展边界外的空间将在区域综合廊道的引导下，逐步形成相对完整的空间板块。避免各类缺乏综合廊道引导的专项廊道自由穿越，导致未利用空间破碎化趋势的蔓延。区域综合廊道的选线应尽可能依托处于"三线"（生态保护红线、永久基本农田保护红线、城镇开发边界）边界的现有基础设施廊道进行规划。

4.2.5.3 现有各级、各类专业廊道的分布和供给情况

为城镇发展提供保障的各级、各类专业廊道是否能够满足城镇近期、中期和远期的发展诉求，需要进行逐一的评估。还应对城镇各主要基础设施供给方向的专业廊道走向优化的可能性进行研究。在充分了解各个城镇发展方向的专业廊道现状的情况下，规划区域综合廊道的宽度应相应增减，避免以一种"一刀切"的方式进行区域综合廊道宽度的规划。

4.2.5.4 城镇规划区域综合廊道时所处的发展阶段

区域综合廊道作为应对未来城镇可持续发展的重要空间保障技术手段，城镇和区域本身所处的发展阶段是影响区域综合廊道宽度控制的重要影响因素。主要可以通过城镇化水平在城镇化发展曲线中的位置进行初步判断。如在城镇化发展的初期应按照上限标准预控区域综合廊道空间；如果处于城镇化发展的中晚期，则应充分考虑现有基础设施廊道供给水平，可按建议标准的下限控制区域综合廊道的宽度。

5 区域综合廊道规划管控的建议

5.1 完善区域综合廊道的管控机制

5.1.1 强化区域综合廊道在国土空间规划体系中的法律地位

建议将区域综合廊道空间作为法定空间进行管理。区域综合廊道作为国土空间规划体系中的主要组成部分，应将其规范化管理要求纳入有关法律和政府规章进行规定，确保区域综合廊道空间的预留预控具有法律和法规依据。建议在即将开展制定的国土空间规划法律法规中，明确各级区域综合廊道空间的法律地位和基本管治原则。

5.1.2 完善区域综合廊道的技术和标准体系

本研究尝试提出的区域综合廊道空间规划技术和标准，是建立区域综合廊道所需技术标准的初步尝试，围绕区域综合廊道的规划和控制技术，还有待相关规划编制和管理实践经验的不断总结。本研究团队已申报立项自然资源部 2019 年度标准计划，将区域综合廊道控制标准的前期研究项目纳入年度计划中，积极推动区域廊道空间规划控制技术体系的建设。

5.1.3 完善区域综合廊道的规划和政策体系

建议将区域综合廊道的规划作为各级国土空间规划的专项规划进行编制，可以在各级国土空间规划审批后开展，也可以在各级国土空间规划编制的同时开展。其是专项规划的一种类型，而不是一个专业性规划，不应由市政或交通主管部门组织编制，而应该由自然资源主管部门组织编制，协调不同专业部门对综合廊道空间的预控诉求。在专项规划编制的基础上，配套形成相应的空间管治政策，让区域综合廊道空间在日常的自然资源规划管理中有操作性、规程性的政策依据，确保区域综合廊道空间的落地。

5.2 处理好区域综合廊道选线与"三线"的关系

5.2.1 "三线"的划定原则及管控要求

根据中共中央办公厅、国务院办公厅印发的《关于在国土空间规划中统筹划定落实三条控制线的指导意见》（2019 年 11 月），要求将生态保护红线、永久基本农田保护红线和城镇开发边界三条控制线作为调整经济结构、规划产业发展、推进城镇化不可逾越的红线，说明这三条控制线在空间资源管控中的极端重要性。

（1）生态保护红线

生态保护红线是指在生态空间范围内具有特殊重要生态功能、必须强制性严格保护的区域。按照生态功能划定生态保护红线。生态保护红线内，自然保护地核心保护区原则上禁止人为活动，其他区域严格禁止开发性、生产性建设活动。在符合现行法律法规的前提下，除国家重大战略项目外，仅允许对生态功能不造成破坏的有限人为活动，主要包括：零星的原住民在不扩大现有建设用地和耕地规模前提下，修缮生产生活设施，保留生活必需的少量种植、放牧、捕捞、养殖；因国家重大能源资源安全需要开展的战略性能源资源勘查、公益性自然资源调查和地质勘查；自然资源、生态环境监测和执法，包括水文、水资源监测及涉水违法事件的查处等，及灾害防治和应急抢险活动；经依法批准进行的非破坏性科学研究观测、标本采集；经依法批准的考古调查发掘和文物保护活动；不破坏生态功能的适度参观旅游和相关的必要公共设施建设；必须且无法避让、符合县级以上国土空间规划的线性基础设施建设、防洪和供水设施建设与运行维护；重要生态修复工程。

（2）永久基本农田保护红线

永久基本农田是为保障国家粮食安全和重要农产品供给，实施永久特殊保护的耕地。划定原则为按照保质保量要求划定永久基本农田。永久基本农田集中保护区内从严管控非农建设占用永久基本农田，鼓励开展高标准农田建设和土地整治，提高永久基本农田质量。为实施国家重大交通、能源、水利及军事用地，经批准占用永久基本农田集中保护区的，原则上分区不作调整。

（3）城镇开发边界

城镇开发边界是在一定时期内，因城镇发展需要，可以集中进行城镇开发建设、以城镇功能为主的区域边界，涉及城市、建制镇以及各类开发区等。按照集约适度、绿色发展要求划定城镇开发边界。城镇开发边界划定以城镇开发建设现状为基础，综合考虑资源承载能力、人口分布、经济布局、城乡统筹、城镇发展阶段和发展潜力，框定总量，限定容量，防止城镇无序蔓延。科学预留一定比例的留白区，为未来发展留有开发空间。城镇建设和发展不得违法违规侵占河道、湖面、滩地。

5.2.2　区域综合廊道与生态保护红线的关系

原则上区域综合廊道选线应尽量避免穿越生态保护区。根据《关于国土空间规划中统筹划定落实三条控制性的指导意见》的要求，在生态保护红线内容许的有限人为活动之一是"必须且无法避让、符合县级以上国土空间规划的线性基础设施建设、防洪和供水设施建设与运行维护"。本研究认为应根据保护等级的不同，采取相应的避让措施。

（1）区域综合廊道选线应避免穿越核心保护区的线形

核心保护区一般均为禁止开发区域，实行最严格的管控措施，禁止任何与保护无关的开发建设活动，依据《自然保护区条例》《湿地公园管理办法》《风景名胜区条例》《森林公园管理办法》《地质遗迹保护管理规定》等各类行政管理规定进行严格管理。国家正在建立以国家公园为主体的自然保护地体系，2019年6月26日中共中央办公厅、国务院办公厅印发了《关于建立以国家公园为主体的自然保护地体系的指导意见》，根据应保尽保、科学划定的要求，将自然保护地按生态价值和保护强度高低依次分为三类，分别是国家公园、自然保护区、自然公园。国家公园和自然保护区实行分区管控，原则上核心保护区内禁止人为活动，一般控制区内限制人为活动。自然公园原则上按一般控制区管理，限制人为活动。各类区域综合廊道选线及相关设施均应避免穿越其核心保护区。

（2）区域综合廊道可有条件地穿越生态保护红线内的一般控制区

在确保生态保护红线生态功能不降低、面积不减少、性质不改变的基础上，区域综合廊道可穿越一般控制区的有条件区域，但应采取必要的低冲击和防护技术措施，进行充分论证并通过相关部门审批。区域交通综合廊道应尽可能在一般控制区的边缘穿越或采取架空、穿洞等技术措施，区域公用设施综合廊道应采取架空或下地的形式尽可能减少对生态保护红线内自然生态系统的干扰，不损害生态系统的稳定性和完整性。

5.2.3　区域综合廊道与永久基本农田保护线的关系

原则上区域综合廊道选线应尽量避免穿越永久基本农田保护红线，在无法避让的情况下，应根据廊道的功能分类制定相应的避让措施。

（1）区域生态综合廊道可结合永久基本农田保护线划定

区域生态综合廊道一般可划分为水生态廊道和绿化生态廊道。绿化生态廊道一般表现为带状公园绿地、带状山体绿地和林荫道等线性空间。水生态廊道一般表现为宽度不同的溪河。永久基本农田可作为带状公园绿地的有机组成部分，纳入区域生态综合廊道进行管控。

（2）区域公用综合廊道可有条件穿越永久基本农田

永久基本农田可以兼容大部分的市政公用专业廊道，主要通过架空或下地的方式，以不影响或少影响永久基本农田的农业生产功能为原则。如电力廊道可以架空设置，油、气廊道可以通过地埋方式设置。

（3）区域交通综合廊道应尽可能避免穿越永久基本农田保护线

因交通廊道对基本农田的土地功能的影响不可逆转，在对区域交通综合廊道进行选线时，应尽可能避免穿越永久基本农田。选线确实无法避开永久基本农田保护红线区的情况下，应严格论证替代方案，尽可能沿永久基本农田的边沿设置，并严格按程序报批，如涉及农用地转用或者征收土地的，必须经国务院批准。

5.2.4　区域综合廊道与城镇开发边界的关系

原则上区域综合廊道选线应尽量避免进入城镇开发边界，因为在城镇规划建设区内的廊道控制方法不是以综合廊道空间预留预控的方式解决，而是以一种高度的复合与叠加的专业方式进行复合利用。作为区域综合廊道，在规划中不应进入城镇开发边界范围。高等级的综合廊道，如国家级、省（市）级综合廊道由于所需占地面积较大，为减少对城镇建设的影响，节约集约利用土地，应布设在城镇开发边界以外，一般通过沿城市环线带状选择区域综合廊道走向的方式，与城市开发边界相邻而过，可以表现为半包关系、全包关系、穿越关系三种相互关系（图5-1）。与规划城镇同级的区域综合廊道选线一般以城镇开发边界的某一点作为区域综合廊道的规划起点，向主要交通、能源流向呈现放射形态布局。

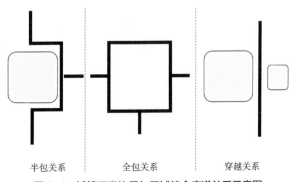

半包关系　　　全包关系　　　穿越关系

图5-1　城镇开发边界与区域综合廊道关系示意图

5.3 分类做好区域综合廊道的空间管控

5.3.1 未完成区域综合廊道专项规划的地区

有条件的地区,在未开展综合廊道规划的情况下,应依托高速公路、高速铁路作为功能型综合廊道,加宽 100~200 米进行控制,就近统筹安排输电、输气、输油、通信、输水等基础设施干线廊道走廊,进行功能型综合廊道建设。

应协调各种基础设施干线的相互关系,对各管线的空间位置做好安排,各管线的敷设应与高速公路、高速铁路中心线尽量并行。从路中心线向外方向并行布置的次序,一侧建议为规划通信干线、220 千伏高压电力线路、输水干线、500 千伏高压电力线路、1000 千伏特高压电力线路;另一侧建议为规划通信干线、输气干线、输油干线。规划输电、输气、输油、通信、输水干线与高速公路控制距离的要求按照国家规范相关要求确定。

5.3.2 已有区域综合廊道专项规划的地区

新建专业廊道应按区域综合廊道的规划就近纳入综合廊道内布线建设。被规划纳入区域综合廊道空间内的专业廊道,应按照规划统筹安排在综合廊道空间内建设。

现状基础设施廊道不在区域综合廊道空间内的,应在改线或重新选线时,就近进入综合廊道空间进行建设,逐渐实现规划的综合廊道空间功能,实现集中建设、集中管理、节约用地的目标。

规划的区域综合廊道空间范围内不再新批准与综合廊道功能无关的设施建设项目,包括城镇及工业开发等其他建设项目。现有的建筑功能应逐步腾退,包括区域综合廊道空间范围内散居的村民住宅,原则上应异地迁建,不得扩建,可以按"三原"原则[①]改建,减少给未来可能的廊道建设增加拆迁成本。

5.3.3 山地地区区域综合廊道的规划管控建议

山地城市间的区域综合廊道空间更加稀缺,区域综合廊道管控的必要性更大。特别是一些穿越生态保护区的综合廊道、在主要经济流向和基础设施来源方向需要选择和预控的综合廊道,具有局部性的特征,综合廊道网络的均衡性会因为山地地形的原

---

① 一原是原地址,不是指房屋地址,而是指要翻建破旧房子占地的原基础,不能有一丝一毫的变动,只能减少,不能增加;二原是原面积,依原房子面积计算;三原是原层数,如果是平房则只能建平房,如果是楼房则依原来的层数类推建房。

因受到影响。在处理与山系和水系廊道的关系时，需要考虑选择对生态保护负面影响最小的区域集中进行廊道的预控。例如横向穿越带状山脉的廊道，就应该选择生态价值相对较小、绿化植被相对较差的区域集中预控；沿带状山脉纵向线形的区域综合廊道应注意减少对横向水系的影响。虽然山地城市间区域综合廊道的系统性因为地形原因难以保障，但区域综合廊道预控仍然是必要的。对于一些关键的穿山通道，在其建设之初，如果是规划综合廊道重点预控选择的线形，在规划实施时就应有意识地预控一部分其他基础设施的廊道拓展空间，也可以通过规划建设预留综合管廊的方式集约化预控廊道穿越空间。为实现可持续发展，预先管控山地城市间的区域综合廊道是有必要的，也是可能的。

6 结语

区域综合廊道是一个跨学科、跨专业的规划空间类型。目前，还缺乏专门论述区域综合廊道空间利用规划的系统性研究成果，更无充足的实践基础。

本研究对区域综合廊道的相关概念进行了系统梳理，提出了全新的综合廊道的分类意见和空间管制建议要求，以期能够在廊道分类概念和规划原则层面达成初步共识。本研究首次提出为尚未预见的廊道空间需求预留廊道空间的技术标准，目的是方便未来新增廊道需求能够就近进入规划的区域综合廊道空间，减少国土空间因不断新增的廊道空间需求而被随意割裂的情况，具体标准尚需在实践基础上不断完善。为有效地推动区域综合廊道的深入研究，开展对区域综合廊道空间的预研预控工作，定量的研究还需要在进一步的深入调查和分析后持续地开展。希望本研究涉及的领域能够有更多的人关注。

附件　重庆市区域基础设施综合廊道规划导则（征求意见稿）

前　言

本导则按照《标准化工作导则 第 1 部分：标准的结构和编写》（GB/T 1.1–2009）制定的规则起草。

本导则由重庆市规划设计研究院提出。

本导则由重庆市规划和自然资源局归口。

本导则起草单位：重庆市规划设计研究院、重庆瑞达城市规划设计有限公司

本导则主要起草人：孟庆　刘亚丽　马兵　黄芸璟　董海峰　李洁莹

本导则审查人：李世熠　周涛　徐煜辉　郭大忠　樊海鸥

引　言

为预留预控国土空间规划中的区域综合廊道空间，满足区域基础设施走廊可持续发展的需要，应对未来基础设施廊道空间需求的不确定性，《重庆市区域基础设施综合廊道规划导则》编制组通过深入调查研究，认真总结实践经验，根据国家和重庆市有关法律、法规、技术标准和规范，参考借鉴其他城市相关规划标准，并结合国土空间规划的实际制订本导则。

本导则由重庆市规划和自然资源局负责管理，重庆市规划设计研究院负责具体技术内容的解释。本导则实施过程中如有意见和建议，请与重庆市规划设计研究院《重庆市区域基础设施综合廊道规划导则》编制组联系，以便修订采纳。地址：重庆市渝北区冉家坝规划测绘创新基地 3 号楼 12 楼，邮编：401147，邮箱：yjs@cqghy.com。

1　范围

本导则明确了区域综合廊道的分类与分级，明确了不同级别区域综合廊道的选线基本原则与控制标准。

本导则适用于国土空间规划中区域综合廊道规划编制的技术指导。

2 规范性引用文件

下列标准对于本导则的应用是必不可少的。凡是注日期的引用标准，仅所注日期的版本适用于本导则。凡是不标注日期的引用标准，其最新版本（包括所有的修改版本）适用于本导则。

GB/T 50546 《城市轨道交通线网规划标准》

GB 50217 《电力工程电缆设计标准》

GB/T 50853 《城市通信工程规划规范》

TB 10098 《铁路线路设计规范》

GB 50251 《输气管道工程设计规范》

GB 50289 《城市工程管线综合规划规范》

GB 50838 《城市综合管廊工程技术规范》

GB 50160 《石油化工企业设计防火标准》

GB 50016 《建筑设计防火规范》

GB 50183 《石油天然气工程设计防火规范》

TB 10621 《高速铁路设计规范》

GB 50925 《城市对外交通规划规范》

GB/T 50293 《城市电力规划规范》

GB/T 51098 《城镇燃气规划规范》

3 术语与定义

3.1 区域综合廊道（Integrated Corridor for Regional）

是指在城乡建设空间以外的各类区域空间中开展国土空间规划编制时需要进行预控的、为各级城镇基础设施拓展提供服务的基础设施共享走廊预留空间，是一种规划预控的廊道拓展空间。

4 总则

4.0.1 为区域社会经济发展服务原则。客观分析区域城镇的现状和发展趋势，通过区域综合廊道引导形成合理的区域社会经济空间架构，为规划区的区域定位和辐射能力拓展服务。

4.0.2 适度超前预留原则。为区域基础设施的新增预留充足的发展空间，同时要适度考虑预留空间的效率。综合廊道空间内已有的与区域综合廊道功能无关的建（构）筑物应逐步腾退。

4.0.3　依托现状和既有规划专业廊道构建的原则。应以主要方向上已有的或已规划的专业廊道为基础进行选线，同时优先选择对线形设计技术性要求较高的线形控制区域综合廊道的走向。

4.0.4　系统性和结构性相协同的原则。既要考虑主要经济联系方向，又要兼顾未来可能需要拓展的基础设施联系方向。

4.0.5　区域综合廊道的规划编制与管理除参照本导则外，还应符合国家和重庆市相关法律、法规、规章和技术标准与规范的规定。

5　区域综合廊道的分级与分类

5.1　区域综合廊道的分级

区域综合廊道按其服务的行政辖区的行政等级可分为市级、区（县）级和镇（乡）级区域综合廊道。

5.1.1　国家级区域综合廊道主要用于涉及国家和跨省市区域空间规划。

5.1.2　市级区域综合廊道主要用于涉及市和跨区县城镇体系等空间规划。

5.1.3　区（县）级区域综合廊道主要用于区（县）域的空间规划编制。

5.1.4　镇（乡）级区域综合廊道主要用于镇（乡）域的空间规划编制。

5.2　区域综合廊道的功能分类

区域综合廊道按照主导功能可划分为生态综合廊道、公用综合廊道、交通综合廊道三种综合廊道。

5.2.1　生态综合廊道

依托现状或规划的生态基础设施廊道走向进行规划预控的综合廊道。

5.2.2　公用综合廊道

依托现状或规划的主要公用设施廊道走向进行规划预控的综合廊道。具体包括沿水、电、气、油等公用基础设施廊道控制的综合廊道。根据传输的压力等级一般可分为高、中、低压不同传输等级。

5.2.3　交通综合廊道

依托现状或规划的主要交通设施廊道走向进行规划预控的综合廊道。具体包括各种等级和速度的铁路、各种等级和速度的公路等交通设施廊道走向空间。

5.3　区域综合廊道的主次分类

按照区域综合廊道服务的中心城区规划对外联系方向的重要性，宜将区域综合廊道分为主综合廊道和次综合廊道两种类型。

5.3.1　主综合廊道一般选择主要对外联系通道方向或主要基础设施来源方向。

5.3.2　次综合廊道一般选择其他次要的联系方向。

6　国家级区域综合廊道选线原则与标准

6.1　选线原则

6.1.1　安全性原则。廊道的选择兼顾廊道服务范围的均衡，相互间应满足一定的距离。以安全性和技术性要求较高的专业廊道为依托选线，应避免对国土安全的负面影响。

6.1.2　区域空间协调性原则。国家级综合廊道的选线应在均衡性原则的基础上，兼顾不同功能廊道间选线的协调性。

6.1.3　生态保护原则。国家级综合廊道的选择应避免选择穿越生态保护红线范围内的核心保护区的线形，避免破坏生态保护红线范围内的生物多样性和生物廊道的连续性。

6.2　规划标准

6.2.1　国家级区域综合廊道规划应以现有依托廊道的中心线为基准进行控制。

6.2.2　国家级综合廊道的建构，原则上应符合国家城镇体系规划，与国家城镇体系空间格局相协调。国家级区域综合廊道规划控制宽度应按表1的规定执行。

国家级区域综合廊道控制宽度指标表　　　　　　　　　　　　　　表1

类型	综合廊道宽度（米）
国家级区域综合廊道	800~1100

6.2.3　国家级区域综合廊道的控制宽度的确定应以其功能性需求的满足为首要条件，应符合廊道宽度的行业控制标准。国家级区域综合廊道规划管控的空间内可组合的廊道类型参见附表1。

7　省（市）级区域综合廊道规划原则与标准

7.1　规划原则

7.1.1　省（市）级区域综合廊道规划应沿城市主要对外联系方向进行规划选线，或沿现状高速铁路或高速公路进行规划选线。

7.1.2　省（市）级区域综合廊道可以拓展的廊道功能包括普通铁路、国省道、超高压电力（500千伏及其以上等级）、高压燃气输气管道等设施走廊和配套设施。

7.1.3　省（市）级区域基础设施主综合廊道应考虑城市主要经济流向和基础设施供给的发展方向。

7.1.4　规划省（市）级区域综合廊道内不得布局与基础设施廊道建设无关的设施。

7.2　规划标准

7.2.1　省（市）级区域综合廊道规划应以现有依托廊道的中心线为基准进行控制。

7.2.2　省（市）级区域综合廊道规划控制宽度应按表2的规定执行。

省（市）级区域综合廊道控制宽度指标表 表2

类型	次综合廊道（米）	主综合廊道（米）
省（市）级区域综合廊道	500~600	700~850

7.2.3　省（市）级区域综合廊道规划管控的空间内可组合的廊道类型参见附表1。

8　区（县）级区域综合廊道选线原则与标准

8.1　选线原则

8.1.1　区（县）级区域综合廊道规划应沿区（县）中心城区主要对外联系方向上的规划或现状普通铁路或高等级公路进行规划选线。

8.1.2　区（县）级区域综合廊道可以拓展的廊道功能包括省道、县道、高压（220千伏）电力、服务区县的高压燃气输气管道等设施走廊和配套设施。

8.1.3　区（县）域内已有省（市）级区域综合廊道的走廊方向，应加以充分利用，可规划新增区（县）级综合廊道与省（市）级综合廊道进行对接。

8.1.4　区（县）级区域基础设施主综合廊道不得多于2个方向布局。廊道总数不得超过4个方向。

8.1.5　规划区（县）级区域综合廊道内不得布局与基础设施廊道建设无关的设施。

8.2　规划标准

8.2.1　区（县）级区域综合廊道规划应以现有廊道的中心线为基准进行控制。

8.2.2　区（县）级区域综合廊道规划控制宽度应按表3的规定执行。

区（县）级区域综合廊道控制宽度指标 表3

类型	次综合廊道（米）	主综合廊道（米）
区（县）级区域综合廊道	200~250	350~450

8.2.3　区（县）级区域综合廊道规划管控的空间内可组合的廊道类型参见附表2。

9 镇（乡）级区域综合廊道选线原则与标准

9.1 选线原则

9.1.1 镇（乡）级区域综合廊道规划应沿镇（乡）中心镇区主要对外联系方向上的规划或现状省、县道公路或高压电力走廊进行规划选线。

9.1.2 镇（乡）级区域综合廊道可以拓展的廊道功能包括乡道、高压电力（110千伏等级）、燃气等设施走廊和配套设施。

9.1.3 镇（乡）域内已有省（市）级和区（县）级区域综合廊道的走廊方向，应加以充分利用，可规划新增镇（乡）级综合廊道与省（市）级和区（县）级综合廊道进行对接。

9.1.4 镇（乡）级区域基础设施主综合廊道不得多于 2 个方向布局。廊道总数不得超过 3 个方向。

9.1.5 规划镇（乡）级区域综合廊道内不得布局与基础设施廊道建设无关的设施。

9.2 规划标准

9.2.1 镇（乡）级区域综合廊道规划应以现有廊道的中心线为基准进行控制。

9.2.2 镇（乡）级区域综合廊道规划控制宽度应按表 4 的规定执行。

镇（乡）级区域综合廊控制宽度指标　　　　　　　　　表4

类型	次综合廊道（米）	主综合廊道（米）
镇（乡）级区域综合廊道	80~100	150~180

9.2.3 镇（乡）级区域综合廊道规划空间内可组合的廊道类型参见附表 3。

10 附则

10.0.1 区域综合廊道规划预控的空间，是空间规划管治的条件之一，在满足廊道空间现行土地用途的条件下，在规划综合廊道内不得进行与基础设施建设无关的新建设行为。

10.0.2 区域综合廊道规划作为一种新的规划管控技术为未来可能新增的廊道设施提供了空间拓展可能性。

10.0.3 在涉及村域的土地利用规划中，可参照本导则的规划原则，为村主要居民点进行综合廊道的控制和引导，控制宽度可在 40~60 米。

附表

国家级和省（市）级区域综合廊道组合分析表 　　　　　　　附表1

类型	控制标准（米）	标准依据	建议控制回数	建议廊道控制宽度（米）
高铁	41.5~61.5	《城市对外交通规划规范》（GB 50925-2013）	1	41.5~61.5
国道（高速公路）	136~140	《城市对外交通规划规范》（GB 50925-2013）	2	272~280
省道	43~72	《城市对外交通规划规范》（GB 50925-2013）	2	86~142
县道	43~72	《城市对外交通规划规范》（GB 50925-2013）	2	86~144
高压输电线路（220千伏）	30~40	《城市电力规划规范》（GB 50293-2014）	2~3	90~120
高压输电（110千伏）	20~30	《城市电力规划规范》（GB 50293-2014）	2~3	60~90
铁路	17.5~35.5	《城市对外交通规划规范》（GB 50925-2013）	2	35~71
输气管线（高压）	35~60	《输气管道工程设计规范》（GB 50251-2015）	2	70~120
合计	—	—	—	740.5~1028

注：资料性附录。

区（县）级区域综合廊道组合分析表 　　　　　　　附表2

类型	单侧控制标准（米）	标准依据	建议控制回数	建议廊道控制宽度（米）
省道	43~72	《城市对外交通规划规范》（GB 50925-2013）	1	43~72
县道	43~72	《城市对外交通规划规范》（GB 50925-2013）	1~2	43~72

续表

类型	单侧控制标准 （米）	标准依据	建议控制回数	建议廊道控制宽度 （米）
高压输电线路 （220千伏）	30~40	《城市电力规划规范》 （GB 50293-2014）	1~2	25~80
铁路	17.5~35.5	《城市对外交通规划规范》 （GB 50925-2013）	1	17.5~35.5
输气管线（高压）	35~60	《输气管道工程设计规范》 （GB 50251-2015）	1~2	35~120
合计	—	—	—	300~500

注：资料性附录。

镇（乡）级区域综合廊道组合分析表 附表3

类型	控制标准 （米）	标准依据	建议控制回数	建议最大廊道控制宽度 （米）
县道、乡道	43~50	《城市对外交通规划规范》 （GB 50925-2013）	1	43~50
高压输电 （110千伏）	20~30	《城市电力规划规范》 （GB 50293-2014）	1	20~30
铁路	17.5~35.5	《城市对外交通规划规范》 （GB 50925-2013）	1	17.5~35.5
输气管线 （高压）	35~40	《输气管道工程设计规范》 （GB 50251-2015）	1	35~40
合计	—	—	—	100~200

注：资料性附录。

条文说明 ①

A.1 范围

本导则目的为引导城乡空间资源的合理配置，指导在建设空间以外地区的国土空间管治。本导则明确了区域综合廊道的分类与分级，明确了不同级别区域综合廊道的选线基本原则与控制标准。

A.2 规范性引用文件

本导则所引用的国家或行业标准及其新修订的版本均适用。本导则涉及的各级、各类区域综合廊道空间控制标准建议的具体技术内容的使用均不涉及对相关专业设施标准，对专业廊道防护距离规定的修改均应按照有关专业标准的规定执行。

A.3 术语与定义

本导则所指的基础设施综合廊道不包括生态基础设施综合廊道，鼓励规划基础设施廊道与现有的生态基础设施廊道有条件的情况下共享廊道空间。

A.4 总则

本导则对区域综合廊道规划编制应遵循的一般性原则进行了规定。

4.0.1 为区域未来社会经济发展服务是规划预先控制廊道空间的基础性目标。规划编制过程中应客观分析区域城镇的现状和发展趋势，通过区域综合廊道引导形成合理的区域社会经济空间架构，为规划区的区域定位和辐射能力拓展服务。

4.0.2 技术进步和地区发展潜力具有难以预测的特点，所以适度超前预留的规划原则，是为区域基础设施的新增预留充足的发展空间，同时要适度考虑预留空间的效率。

4.0.3 区域综合廊道规划原则上不无中生有，应依托现状和既有规划专业廊道进行构建，应以主要方向上已存在的专业廊道走向为基础，进行适当的取舍后，确定综合廊道控制的走向。

---

① 资料性附录。

4.0.4 作为未来空间规划的系统性和结构性空间骨架，需要相互协同，既要考虑主要经济联系方向，又要考虑可能的需要拓展基础设施联系的方向。

4.0.5 区域综合廊道的规划编制与管理，不涉及现有各级规范与标准的修订，除参照本导则外，还应符合国家和行业的相关法律、法规、规章和技术标准与规范的规定。

A.5 区域综合廊道的分级与分类

A.5.1 区域综合廊道的分级

5.1.1 区域综合廊道的分级考虑与空间规划管理的事权项对应，按行政级别进行分级有利于廊道空间的日常管理。所以按其服务的行政辖区行政等级可分为国家级、省（市）级、区（县）级和镇（乡）级区域综合廊道。

A.5.2 区域综合廊道的功能分类

按照区域综合廊道内主要廊道的服务功能类型进行分类，强调综合廊道主要依托的现有廊道功能的重要性。

A.5.3 区域综合廊道的主次分类

5.3.1 考虑到各级城镇在对外联系中存在主要和次要联系方向的现实情况，本导则充分尊重各级空间规划的实际，提出按照区域综合廊道服务的中心城区规划对外联系方向的重要性，建议将区域综合廊道分为主综合廊道和次综合廊道两种类型。

A.6 国家级区域综合廊道规划原则与标准

A.6.1 规划原则

6.1.1 安全性原则。安全性体现在技术的安全性和廊道间关系的安全性上。廊道的选择应兼顾廊道服务范围的均衡，相互间应满足一定的距离。以安全性和技术性要求较高的专业廊道为基础进行选线。为方便下层级的新增廊道就近选择使用公共走廊，预留足够的廊道拓展空间。

6.1.2 区域空间协调性原则。国家级综合廊道的选线应考虑不同功能型廊道间的协调，避免出现奇大奇小的服务区域，兼顾不同功能廊道间选线的协调性。国家级综合廊道的选线对区域城镇空间的宏观格局和城市之间功能作用体系的发展变化有直接的影响，甚至一个地区或城市在国家交通体系中的地位将决定其发展前景。因此，应遵循区域空间协调性原则。

6.1.3 生态保护原则。国家级综合廊道的选择应避免穿越国家公园等生态保护红线范围内的核心保护区，避免破坏生态保护红线范围内的生物多样性和生物廊道的连续性。

A.6.2　规划标准

6.2.1　国家级区域综合廊道规划应以现有依托廊道的中心线为基准进行控制。

6.2.2　国家级区域综合廊道的控制宽度首先以其功能性需求的满足为首要条件，按其专业类别对应控制（表 A.6.2）。

6.2.3　国家级综合廊道的建构，原则上应符合国家城镇体系规划，与国家城镇体系空间格局相协调。

区域基础设施专业廊道控制要求汇总表　　　　　　　表 A.6.2

专业	廊道类型	标准依据	单条廊道宽度要求
交通	高速铁路	《城市对外交通规划规范》（GB 50925-2013）	除铁路管护必需的少量建（构）筑物外，在铁路干线两侧的建（构）筑物，其外边线与最外侧钢轨的距离不小于 20 米；在铁路干线两侧修建高层建筑、高大构筑物（如水塔、烟囱等）、可能危及铁路运输安全的建（构）筑物、危险品仓库和厂房，当其建设用地进入距离最外侧铁轨 30 米以内，与轨道的距离须经论证后确定。单条廊道宽度 41.5~61.5 米
	铁路	《铁路线路设计规范》（TB 10098-2017）》	轨道自身 1.435 米，两侧绿化带宽度不少于城市市区 8 米；城市郊区居民居住区 10 米；村镇居民居住区 12 米。单条廊道宽度 17.5~35.5 米
	高速公路	《城市对外交通规划规范》（GB 50925-2013）	高速公路本身宽度 36~40 米；两侧各控制 50 米绿化带。单条廊道宽度 136~140 米
	国省级道路	《城市对外交通规划规范》（GB 50925-2013）	公路本身宽度 23~32 米；两侧各控制 10~20 米绿化带。单条廊道宽度 43~72 米
电力	1000 千伏	《城市电力规划规范》（GB/T 50293-2014）	1000 千伏特高压电力走廊根据电力设施建设环境影响评价确定，不低于 100 米
	500 千伏		500 千伏高压电力走廊以 60~75 米控制
	220 千伏		220 千伏高压电力走廊以 30~40 米控制
燃气	省（市）级高压输气管道	《输气管道设计工程规范》（GB 50251-2015）	70 米
	市级高压输气管道		35~60 米

注：未列入本表的廊道类型按有关专业标准执行。

A.7　省（市）级区域综合廊道规划原则与标准

A.7.1　规划原则

7.1.1　省（市）级区域综合廊道应沿城市主要对外联系方向上进行规划选线，或沿未作为上级综合廊道的现状高速铁路或高速公路进行规划选线。

7.1.2　省（市）级区域综合廊道可以拓展的廊道功能包括普通铁路、国省道、超高压电力（500 千伏及其以上等级）、高压输气管线等设施走廊和配套设施。

7.1.3　省（市）级区域基础设施主综合廊道应考虑城市主要经济流向和基础设施供给的发展方向。

7.1.4　省（市）级区域基础设施主综合廊道不得多于 2 个方向布局。

7.1.5　规划省（市）级区域综合廊道内不得布局与基础设施廊道建设无关的设施。

A.7.2　规划标准

7.2.1　省（市）级区域综合廊道规划在应以现有依托廊道的中心线为基准进行控制。这里的现有既可以是已经建设完成的，也可以是已通过专业专项规划确认的、有既定走向的廊道。

7.2.2　省（市）级区域综合廊道规划控制宽度主要考虑多种组合的可能性，基于对各种专业廊道的控制要求的梳理提出建议控制标准。

A.8　区（县）级区域综合廊道规划原则与标准

A.8.1　规划原则

8.1.1　区（县）级区域综合廊道规划应沿区（县）中心城区主要对外联系方向上的进行规划选线，或沿现状普通铁路或高等级公路进行规划选线。

8.1.2　区（县）级区域综合廊道可以拓展的廊道功能包括县道、高压电力（220千伏）、服务区县的高压燃气输气管道等设施走廊和配套设施。

8.1.3　区（县）域内已有省（市）级区域综合廊道的走廊方向，应加以充分利用，可规划新增区（县）级综合廊道与省（市）级综合廊道进行对接。

8.1.4　区（县）级区域基础设施主综合廊道不得多于 2 个方向布局。廊道总数不得超过 4 个方向。

8.1.5　规划区（县）级区域综合廊道内不得布局与基础设施廊道建设无关的设施。

A.8.2　规划标准

区（县）级区域综合廊道规划应以现有廊道的中心线为基准进行控制。

根据对重庆市合川区、梁平区和荣昌区的区（县）级规划中的区域基础设施专业廊道的分析，提出区（县）级区域综合廊道的建议控制标准，供规划编制时参考使用。（县）级区域综合廊道内除重大交通、重要工程管线等基础设施走廊和站点外，应严格控制城镇及工业项目的集中开发和建设活动，其沿线必须设置生态绿化隔离带或协调区，应以农业发展、生态林建设为主。

A.9 镇（乡）级区域综合廊道规划原则与标准

A.9.1 规划原则

9.1.1 镇（乡）级区域综合廊道规划应沿镇（乡）中心镇区主要对外联系方向上的规划或现状省县道公路或高压电力走廊进行规划选线。

9.1.2 镇（乡）级区域综合廊道可以拓展的廊道功能包括县乡道、高压电力（110千伏等级）、燃气等设施走廊和配套设施。

9.1.3 镇（乡）域内已有省（市）级和区（县）级区域综合廊道的走廊方向，应加以充分利用，可规划新增镇（乡）级综合廊道与省（市）级和区（县）级综合廊道进行对接，增加综合廊道空间的利用效率。

9.1.4 镇（乡）级区域基础设施主综合廊道不得多于 2 个方向布局。廊道总数不超过 3 个方向。

9.1.5 规划镇（乡）级区域综合廊道内不得布局与基础设施廊道建设无关的设施。

A.9.2 规划标准

根据对重庆市綦江区石角镇、安稳镇、东溪镇等部分镇规划中的区域基础设施廊道的梳理和分析提出的控制标准能够包容镇（乡）级区域基础设施廊道的多种组合，为可能的基础设施走廊需求预留充足的廊道空间。

A.10 附则

区域综合廊道作为一种规划预控空间，需要根据规划对新建设行为的引导和控制逐步形成，作为一种空间管治条件而存在。

乡村规划中的区域廊道主要是为了预控村集中居民点发展所需的廊道空间，其所建议的宽度指标仅供参考。规划中要结合现状经济发展水平和廊道现状情况进行确定。

参考文献

[1] 戴显荣，饶传坤，肖卫星. 城市高架桥下空间利用研究——以杭州市主城区为例 [J]. 浙江大学学报（理学版），2009，36（6）：723-730.

[2] 唐亚琳. 城市轨道交通高架桥的景观美学设计 [J]. 都市快轨交通，2009，22（6）：48-52.

[3] 刘颂，肖宇. 城市高架桥的景观优化途径初探 [J]. 风景园林，2012（1）：95-97.

[4] 姚艾佳. 城市高架桥附属空间景观设计与改造研究 [D]. 西安：西安建筑科技大学，2015.

[5] 徐宁. 城市高架桥对城市空间的积极影响 [J]. 华中建筑，2011，29（12）：134-136.

[6] 吕海燕，李政海，李建东，宋国宝. 廊道研究进展与主要研究方法 [J]. 安徽农业科学，2007，35（15）：4480-4482.

[7] 邬艳丽. 公共政策视角下的综合管廊规划问题及政策应对 [J]. 规划师，2017（4）：12-17.

[8] 杨文博. 基于经络学原理的城市交通廊道功能复合研究 [D]. 哈尔滨：哈尔滨工业大学，2013.

[9] 胡智英，宫媛. 铁路交通廊道与城市绿色廊道兼容设计研究——国内外相关案例的启示 [J]. 城市规划，2013（11）：69-72.

[10] 宁亚平. 太原市大型基础设施廊道控制规划管理探讨 [J]. 山西建筑，2014，40（27）：275-276.

[11] 张波，王芳. 走向复合的城市生态廊道——洛阳市生态廊道限建区规划思路的转型 [C] // 多元与包容——2012 中国城市规划年会论文集 [C]. 昆明：云南科技出版社，2012.

[12] 翟俊. 弹性作为城市应对气候变化的组织架构——以美国"桑迪"飓风灾后重建竞赛的优胜方案为例 [J]. 城市规划，2016，40（8）：9-15.

[13] 高架桥下的景观. 景观中国，https：//mp.weixin.qq.com/s/uIl4Yran0Jqah5hn5jh8Cw.

[14] 美国景观设计师协会网站，https：//www.asla.org/2016awards/172453.html.

[15] 荷兰、奥地利、新加坡、厦门自行车道建设经验及启示 [EB/OL]. 规划和自然资源前沿观察 2017，160（31）. https：//mp.weixin.qq.com/s/-hqL4l_5klYiiZ_3C8mvtQ.

后　记

　　笔者对于区域综合廊道问题的第一次关注，是源于多年前的区县规划管理经验。在应对一些重要的区域基础设施廊道空间需求时，相关规划的预见性缺乏问题令笔者深有感触。作为规划管理人员，面对专业部门对区域廊道空间的新需求时，由于缺乏相关的规划成果的指导，使基层规划管理工作显得非常的被动，相关的理论与方法也较为缺乏。所以笔者开始关注这一领域的相关实践和理论成果。2007年6月7日由国家发展和改革委员会下发通知批准重庆市和成都市设立的国家级统筹城乡综合配套改革试验区后，项目组成员有更多的机会接触到各地在区域综合廊道空间规划中的探索成果和实践经验。特别是南京大学城市规划设计研究院编制的《浙江省嘉兴市城市总体规划（2006—2020年）》中对区域综合廊道的规划实践，给了项目组很好的启发，但是国内外相关的理论与方法仍然没有足够深入的研究。从2016年开始，在原重庆市规划局曹光辉局长和局总工办胡海主任的支持下，相关研究计划课题得以启动，对区域综合廊道空间规划相关理论、方法和标准的研究才有机会逐步深入。基于前期研究成果，在重庆市规划和自然资源局领导余颖博士的支持下，项目组申报了自然资源部2019年标准预研究编制计划并获得立项审查专家的认可，作为前期行业标准预研究项目立项。在研究课题正式纳入部级计划立项后，更增强了项目组持续研究本领域的信心与决心。本书编写和课题研究过程中，得到了曹光辉、赵万民、徐千里、朱旭东、彭劲松、吴国雄、程吉建、易明华、彭卉、王承旭、黄建中、陶英胜、程国柱、颜英、邱建林、余颖、卢涛、彭瑶玲、马兵、周路合、周涛、白佳飞、王法成、张彧、陈治刚、郭大忠、颜毅、陈匀今、樊海鸥、余军、莫宣艳、李献忠、杨乐等专家和领导的悉心指导与支持，在此表示诚挚的谢意！